U0302327

面膜大学问

美丽就是那么简单

何国泓 · 著

BEAUTY MADE SIMPLE

我永远相信健康是美丽

而且美丽会让你变得更健康

如果说健康是生命

那么美丽就是人生

如果说健康是幸福

那么美丽就是快乐

文化艺术出版社
Culture and Art Publishing House

自序

“纸”有坚持　美丽保值
——回首过往品牌路

彩妆、保养品、化妆品、保健食品，在这二三十年来，一直围绕在我的生活当中，它们悄然无息，与我的人生一拍即合，因此也可以说是我这辈子最用心、做得最称职的工作。曾几何时，我从一位卖货郎蜕变成为他人口中的“ KC 面膜教父”——这名字的由来，还得从 KC 初创的时代讲起，而间也已是时光递嬗，时代的列车却仍御风前行。

犹记早期的流行趋势，一般女性都会用上一点彩妆，粉饰美丽脸庞，保养概念却尚未落实，除了高官夫人、商场贵妇懂得保养自己，普通百姓仅着重于清洁用品方面。 KC 当时便是从彩妆起家，接续成立了 KISS COLOR 吻彩公司，销售流行商品、眉笔、口红、粉饼、指甲油类的彩妆用品，而后也在慢慢接触粉底霜、隔离霜、卸妆油、化妆水后，才了解到保养品的重要。

市场趋势瞬息万变，产品亦不断推陈出新，活络的市场态势持续引领台湾经济增长，进而造就从事保养品、品牌建立的潮流，连带影响营销方式的时代更迭，以前的路边摊、委托行摇身一变成为专卖店；康是美、屈臣氏、宝雅、百货公司与大型商场，皆一窝疯地以化妆品为最大卖点营销——通常进入大门，便是琳琅满目亮着白灯的专柜，第

KC 面膜教父
FACIAL MASK CREATOR

FACIAL MASKS • BEAUTY MADE SIMPLE

一眼便锁住顾客的视线。除了实体店销，日新月异的科技甚至创造、加速传播媒体的渲染力，以化妆品为主的专业介绍置入节目主轴，为消费者带来更多的资讯、传播保养的重要性，于是以化妆品达人自称的专家、大师、女王随之诞生，创造所谓名牌，也创造对专业趋之若鹜的信仰，以及更大的化妆品、保养品市场。

保养品需要被体验, 通过视觉、听觉与嗅觉, 才能真正体会到产品对自己的效果如何; 对照现阶段颁布的管理制度, 并不能真正杜绝夸大不实的广告, 从而在消费者天天接触的媒体渠道中, 均未能为使用者提供真正的答案, 通常要“用了才知道”, 一有不慎, 便是挽回不及。因此在这里也建议各位, 选用产品时必须多方思量、搜集资讯, 尽可能达到资讯对称的平衡立基, 保障自身权益。

KC 从卖货郎开始贩卖“美”、装饰的美与自然的美，已然有了几十年的光阴，接触过形形色色的消费者，经验与记忆不断累积成为智识，从而得以第一时间了解消费者对化妆品与保养品的真正需求，遂自设计商品、研发商品到现在的制造产品，投注无数心力，一条龙打造最符合消费者期待的“美”，不诉诸于光鲜亮丽的表象，实在付出于化妆品、保养品的设计与研发，我们只愿制造出更多更实用的商品，为大家带来健康、美丽与幸福的快乐人生。

推荐序

Helene Rabadan

法国 Caress SARL 集团 CEO

If the skin is a reflection of our balance, it is also our first protection.

Nowadays in Europe, masks are not considered as frivolous cosmetics but as a necessary care. ProCare could take benefit from the Asian expertise in this field thanks to our encounter with Mr. KC. Ho.

Our company launched a dermocosmetic brand in France based on these traditional masks. Today the European market adopted this skincare ritual and the sheet mask market is booming. We are pleased to have been able to work with Mr. KC. Ho, to meet this challenge, and to have a team on which we can trust since 2007. We are happy to see that Mr. KC. Ho can publish this book to make everyone knows sheet mask better.

30th August, 2016

皮肤是防护身体的第一道关卡，也是反映身体平衡的指标。

在现今欧洲，面贴式面膜已不再被视为繁琐的保养品，而是一种必需品。Procare 可以借助亚洲对面贴式面膜的专业知识在这个领域发展，都要感谢与 KC 面膜教父的合作。

我们的品牌即是以面贴式面膜攻入法国保养品市场。如前述所言，欧洲现在已经习惯以面膜作为保养的一环，因此面贴式面膜的市场越来越兴盛。我们很高兴能够从 2007 年与 KC 开始合作，将面贴式面膜带入欧洲市场，并一起迎接挑战。很开心能够看到 KC 面膜教父出版此书，让更多的人了解面贴式面膜。

2016 年 8 月 30 日

推荐序

国际彩妆大师朱正生
经国管理暨健康学院美容流行设计系副教授

从事彩妆教学20多年，也对彩妆保养品的设计与研发结缘了10多年，因此有机会认识了何董事长国泓先生，彼此间也曾有过数次合作的机会，对何先生在保养彩妆品中所投入的专注与认真留下了非常深刻的印象。

近几年更佩服何先生在面膜上所持续不断地投入的研发心力，他不但有发明家的精神，更有艺术家创造的个性与坚持，令人印象深刻。今天看到何国泓先生将多年来对面膜研究的成果，毫不藏私地集结成书与众人分享，其中对面膜的分析、使用及相关知识，真是巨细靡遗，精彩万分！目前坊间的面膜相关书籍，无一能出其左右。

这是一本值得大家好好珍藏的书，也预祝何先生新书大卖，继续将更多的美丽知识与大家分享！

朱正生

唐赓尧主席
香港工会联合会副理事长
服务业总工会主席
中华两岸国际技能竞赛委员会主席
发型化妆整体形象设计师总会主席

很多人问我现在什么保养品最夯，我会肯定地回答：就是“面膜”。

因为这是使用上最简单有效的基础保养产品，但是很多面膜爱用者往往不知选择适当的商品。本书作者、面膜教父何国泓先生有鉴于一般消费者对于面膜的正确使用知识不足，将自己在面膜保养品产业积累的二十几年的研发制造经验，编写成《面膜大学问——美丽就是那么简单》一书。本书特采用深入浅出的图文手法，由阐述如何认识您的肌肤开始，进而介绍面膜类保养品的各种不同成分、功效与用法，引导大众如何正确地认识肌肤，深入了解面膜，以及如何使用面膜保养自己的脸部肌肤，让美丽就是那么简单。

长江后浪推前浪，市场不断更迭起伏。这些年来，两岸四地的保养品产业也如雨后春笋般地蓬勃兴盛，唯有何国泓先生从 2000 年投入面膜业界至今能够屹立不摇，其企业稳定的成长茁壮，其研发创新的专利性产品更让同行争相效仿。何国泓先生领导的吻彩集团，这些年来积极地推动研发专利产品制造与国际化布局， 2015 年在德国设立了研发与营销公司后，也将在 2016 年下半年启动在文莱的工厂建设，预定 2017 年开幕。我们期盼他未来能够在面膜保养品、保健品业界继续独领风骚。

推荐序

陈峙文院长

爱尔丽医美集团专业连锁医美诊所

爱美是人的天性，自古以来从未改变。千年以前，埃及艳后即便已经拥有绝世美貌，依旧积极寻求美丽的方法；时至今日，随着知识与科技的进步，追求美丽亦从天然保养演进至科学技术，让“美丽”变得更加多元化、系统化。

但想要美丽会因此变得困难而复杂吗？

答案是“不会的”，不过一定要找到适合自己的方法。在我个人多年的行医经验中，看见许多人——不分男女老幼，为了变美尝试各种方法，成效却有所差异，更有人不小心伤了自己的身体。其实想要变美的第一关键，首先是认识自己。作为医师，我们亦先透过问诊、分析，了解顾客的需求并提供合适的建议，让每位爱美人士得到最满意的效果。

每每看见顾客脸上充满美丽自信的笑容，我们更是加倍欣喜，能够尽一己之力，帮助他们找回迷人风采。

何国泓先生在《面膜大学问——美丽就是那么简单》书籍中，

即先带领读者了解皮肤构造，再深入浅出谈论不同肤质使用面膜与保养的方式，更内外兼顾分享维持身体健康的基本常识，全方位向美丽人生迈进。

他投入面膜制造研发 20 多年，打造了多款新式面膜；更从市场的反馈中获得许多灵感，不断改善商品质量，针对不同年龄、性别，推出专属的保养面膜，帮助每位爱美人士快速方便地找到合适的保养方式。

如今更透过书籍的呈现，写下他对于面膜的观察，并以使用者的经验，感同身受地与读者分享使用面膜的注意事项与秘诀，让人受益良多，也不禁大呼——美丽就是那么简单！

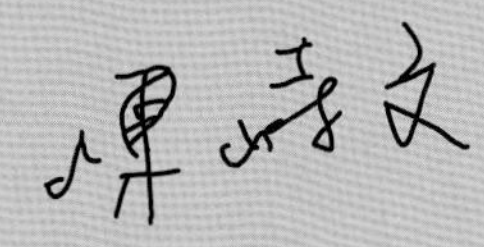

Contents

认识肌肤，才能改善肌肤

面膜教父细说美丽膜法

膜法、魔法，面膜的功效

解密面膜大小事

KC 面膜教父走向国际市场

唤醒美丽健康肌肤

保养没有那么难

植物性原料介绍　自然美也很简单

CHAPTER 1

认识肌肤，才能改善肌肤

面膜是现代人不可或缺的美容圣品，但是走进药妆店，架上琳琅满目的面膜，从不同作用、不同大小以及差异甚大的价位区间，总是让人无所适从，不知道要从何挑起。其实选择面膜并不困难，只要把握几项重点就能够成功滋养皮肤，首先便是认识自己的肤质。

皮肤是人体最大的器官，占人体体重比例约 15%，也是影响人对人第一印象的因素之一，好皮肤水嫩光滑、吹弹可破，让人充满自信；烂皮肤则是坑坑巴巴，不仅需要大量化妆品遮瑕，更是遮遮掩掩没有自信见人。皮肤的好坏除了天生遗传影响，后天的保养更是功不可没，要想拥有好肤质，绝对不是购买昂贵的保养品，而是在镜子前好好研究自己的肤质，唯有合适的保养品，才能让肌肤更加亮丽，而第一步便是认识自己的肤质。

想要好皮肤，先要懂皮肤

皮肤不只是表面看的如此简单，可分为表皮、真皮及皮下脂肪，另外还有附属的皮脂腺和汗腺，因此化妆品的探究与设计须考虑皮肤的结构，随之调整精华液的成分及纸质，让精华液能够渗入里层修护肌肤。

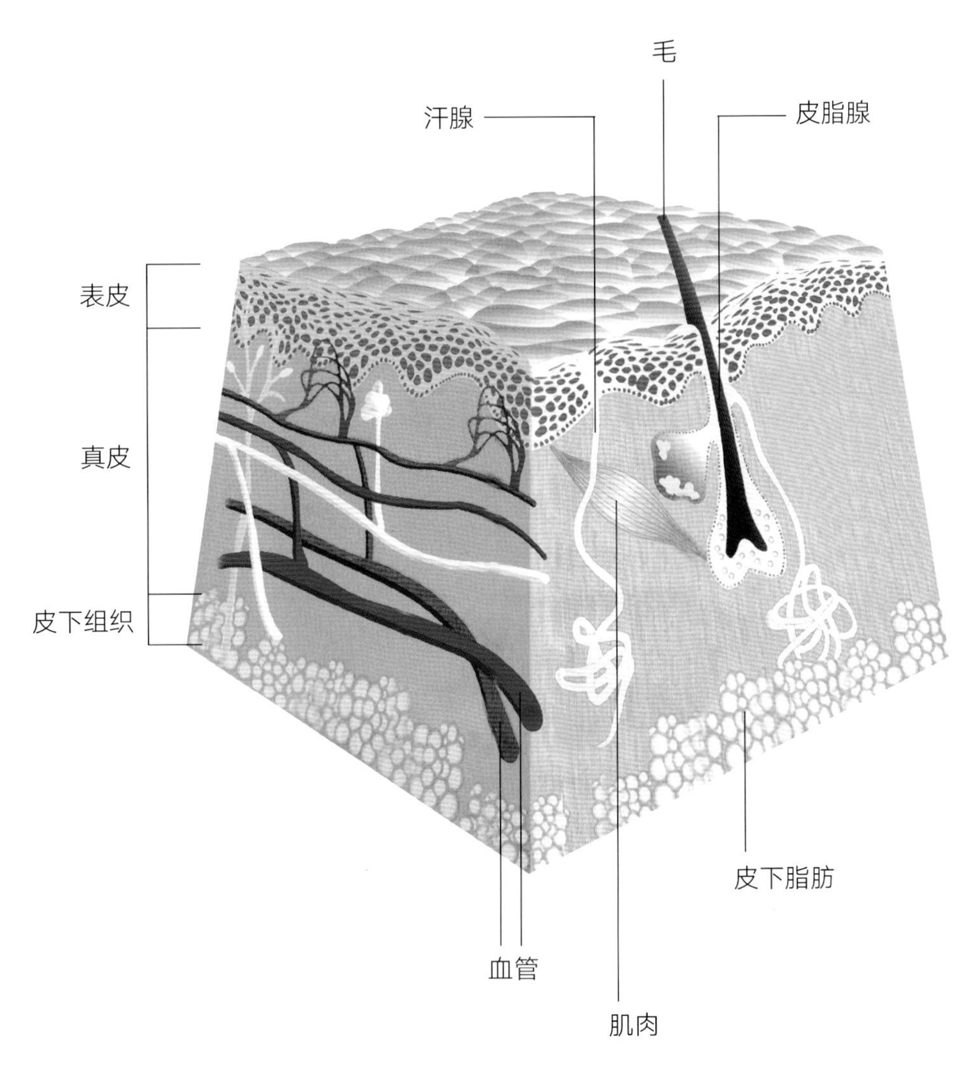

表皮

表皮层位于皮肤最外层，约占皮肤5%的厚度比例，又细分为角质层、透明层、颗粒层、棘状层、增生层。表皮底层会不断产生新的细胞，将旧细胞往表层推移，再推移过程中便会生成角质蛋白，累积成为角质层。各年龄的肤况有所不同，新生儿的皮肤细嫩光滑，即是因为角质层又薄又均匀；而随着年龄增长，角质累积越多，为了改变皮肤质感，因此必须做好保湿工作，并适当用柔性去角质商品去除老坏的角质层。

表皮细胞大约每28天更新一次，但同样在年龄的增长之下，新生周期会渐渐拉长，因此为了拥有健康的角质层，便要开始保养肌肤，适当去除角质，并使用保养品润泽肌肤。表皮内还含有黑色素细胞，可以制造黑色素，吸收紫外线而保护肌肤，也有侦测外来病源的兰氏细胞，所以如果皮肤状态不佳，一定会影响外观，甚至引起身体病痛问题。

真皮

真皮层位于表皮层下方，约占皮肤厚度的95%，表皮层的组织结构是由胶原纤维、弹力纤维、网状纤维细胞等构成。影响肌肤的重要工作也在真皮层进行，其中的纤维与组织能够支撑表性，维持肌肤的弹性，而真皮的基质含有大量玻尿酸，可保持水分。只是一旦纤维老化，反应至肌肤表面就可能产生皱纹，因此有许多保养品拥有深层修复的功能，活化细胞生机。

另外真皮层内含有皮脂腺与汗腺，延伸至肌肤表面。皮脂腺负责通过毛孔分泌油脂，藉以润滑皮肤；汗腺则可以调节体温，抗菌消毒。皮脂腺和汗腺虽是皮肤附属物，却关系着肌肤表面的油、水平衡，脸部皮肤的皮脂腺又特别丰富，需要加强保湿控油，也要避免油脂分泌不良，造成毛孔阻塞。

皮下脂肪

真皮层的下方是皮下脂肪，主要功能为储存脂肪，防止热量散失，保持体温，其中隐藏着末梢神经和较粗的动脉、静脉。一般而言，女性的皮下脂肪较男性厚，肥厚的脂肪也能够缓和外力冲撞，保护身体，而健康丰满的皮下脂肪细胞也能够撑起肌肤完美的轮廓。

你真的了解自己是哪一种肤质？

市面上的保养用品有千百种，许多人首先依照自己的需求挑选效用，美白、抗皱、保湿等等，接着比较品牌与价格，从中挑选出心仪的商品。也有人挑选保养品的方式来自亲友口碑："某某品牌很好用耶！""那个谁谁谁代言的面膜不错喔。"在亲友的亲身见证下，便跟风尝试。不过每个人的肤质不同，请先认识自己的肤质，才能为肌肤带来亮丽光泽。

一般而言肌肤可分为五大类，分别是干性肌肤、中性肌肤、油性肌肤、混合性肌肤、敏感性肌肤。以下介绍其中的特色及辨别方法，相信各位很快就能找出自己是哪一种肤质了！

洗脸测试法

洗脸之后能够洗去脸上污垢及油渍，让肌肤回到最原始干净的状态，不擦任何保养品，脸部会有紧绷、紧实的感觉，而等待时间过去后，脸上开始分泌油脂，紧绷感也会随之消失。洗脸测试法是利用洗脸后绷紧感持续的时间来判断肤质。

油性皮肤因为油脂分泌旺盛，洗脸后约 20 分钟，紧绷感便会消失，有些人已经开始准备吸油面纸想要吸去脸上的油光；中性皮肤的紧绷感约维持 30 分钟；干性肌肤则是 40 分钟，但又因天气变化可能延长，如果是在冬天的话，干性肌肤极有可能因为干冷环境而崩裂，所以最好在洗脸后敷上保湿面膜，保持皮肤水润。

自我检测一起来

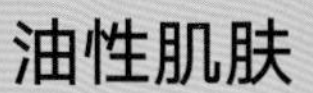

油性肌肤

还没用纸巾擦拭脸部前就感受到油腻感，擦拭后纸巾上会留下大片油渍，此时就不要犹豫，赶快去洗脸，让脸部保持干爽。

混合性肌肤

通常在 T 字部位出油状况比较严重，其他部位还能保有紧绷的感觉。

纸巾测试法

第二种方法则是利用一段长时间，让皮肤自然分泌油脂，再进行检测。晚上睡觉前同样将皮肤洗净后，不涂抹保养品后入睡，次日起床后用面纸或纸巾轻轻擦拭较容易出油的 T 字部位（即额头、鼻子及鼻翼两侧）以及下巴、双颊、脖子。

测试方法如下：

中性肌肤

中性肌肤的出油状况比较平均，用手掌擦拭还能感受平滑，使用纸巾的话则可以发现一些油渍，但脸上并不会泛油光。

干性肌肤

脸部肌肤几乎不出油，纸巾上也不太有油渍，皮肤依旧保持紧实干燥，不过也因此较没有光泽。

与肌肤零距离：
干性、中性、油性、混合性、敏感性

了解肤质之后还不够，更要知道肤质的特色，才能在不同天气的考验中让皮肤保持最佳状态。一般肌肤分为干性、中性、油性、混合性、敏感性，每一种肌肤的保养方式大不相同，误用保养品可是会让肌肤产生红疹搔痒，严重过敏甚至需要就医治疗。爱美的你还不快认识你的肌肤！

干瘪瘪的烦恼，脱皮皱纹快走开

- 12 小时内皮肤几乎不出油
- 季节变换时容易干燥、脱皮
- 易生成皱纹，尤以眼部及口部四周特别明显
- 易脱皮、生红斑及斑点，却很少有粉刺和暗疮
- 易被晒伤，却不容易过敏
- 皮肤较薄，能够微微看见微血管

干性肌肤的干燥度有所不同，用食指轻压皮肤，就会出现细纹，眼睛和嘴唇四周也较容易生成皱纹。通常洗完脸后，脸部会开始紧绷，所以依赖性质温和的保养品，维持水润的肌肤；清洁用品更是需要审慎的选择，避免肌肤干燥缺水脱皮。对于阳光曝晒与强风吹拂更是敏感，不仅造成肌肤粗糙，甚至会有龟裂渗血的问题。

干性肌肤外观干净、细腻，但水分含量低，油脂分泌量低，需要补水，以及提供充足营养，因此建议在室内使用加湿器，维持一定的湿度。除此之外，每天维持脸部按摩的习惯，温热脸颊改善血液循环，增强肌肤弹性，以提高抗衰老能力。或是改善饮食习惯，多加一些脂肪类的食物，不过还是得注意其中的分量，才能够维持好皮肤及好身材喔！

我是中性肤质，Q 弹又紧实

- 皮肤细腻有弹性，不干瘪，也不油腻
- 天气转冷时偏干，天热时可能出现少许油光
- 保养得宜，皱纹很晚才出现
- 皮肤状况稳定，很少有痘痘及阻塞的毛孔
- 比较耐晒，不易过敏
- 毛孔不明显，洗后肌肤不会太紧实

中性肤质重点

中性皮肤是最为理想的肤质，因为油与水的比例十分均衡，让肌肤维持光滑弹性，细小的毛孔不易阻塞，也不容易出现青春痘，基本上在夏季注重清洁，避免过度出油；冬季时维持滋润，保养得宜便不会出现太多问题。

不过因为肤质来自天然的恩赐，最好的保持方法就是减少化妆，不过度使用护肤用品，让肌肤维持最自然的状态。但因为没有使用任何保养品，中性肌肤容易受到气候、湿度的影响，只要缺水或缺少养分就可能转为干性肤质，所以应该要注重锁水保湿效果的护肤品，或是利用保湿面膜滋润脸部各个角落。

脸上油得可以煎蛋了

- 容易泛油，经常需要补妆
- 角质层厚容易藏污纳垢，需要洁净力强的清洁用品
- 易生长暗疮、青春痘、粉刺等，但不易过敏
- 需要天天清洗头发，否则会十分油腻
- 夏季油光严重，天气转冷时却又容易缺水，不易产生皱纹

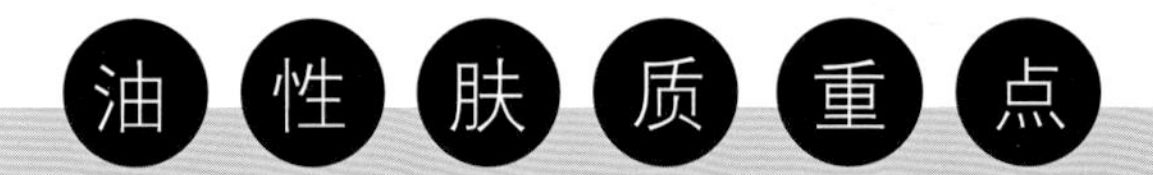

油性肌肤的特点是 T 字部位经常呈现油亮，而且容易增生角质层，加上毛孔粗大，所以容易冒发黑头粉刺阻塞毛孔，油脂分泌不平衡的状况下，容易让皮肤缺水，显得较为粗糙，让人不胜其扰，因此除了清洁控油之外，定期去除角质也是不可或缺的保养秘诀，让毛孔保持畅通，再搭配控油、补水的保养品。

不过油性肌肤也并不完全是坏事，因为肌肤长期油润不容易老化，能够维持弹性，较不易生长皱纹。因此与油性肌肤共存的最好方式并不是一味地抑制油脂，而是透过平日的面膜保养，维持脸部清爽，锁水保湿并控制饮食习惯，减少油腻食物，多吃蔬菜、水果和含维生素 B 的食物，调节体内油脂分泌以及新陈代谢，自然可以改善油性肌肤的油腻感，带着光泽肌肤度过每一天。

混合性皮肤好郁闷，缺水过敏毛孔大

- T 型部位容易出油、生长粉刺
- 不易受季节变换影响
- 保养适当，不易生皱纹
- 比较耐晒，但缺水时易过敏
- 肌肤角质层不厚，也不薄
- T 字部位毛孔较大，脸颊的其他部位毛孔较小

混合性肌肤整体感觉质地光滑，主要特征为 T 字部位出现油脂，脸部其他区域则维持干燥，因为不同区域产生不同的皮肤问题，因此最好分开调理，准备两种护肤品，额头、鼻子、下巴容易分泌油脂的部位经常出现粉刺、下巴痘等恼人的痘痘问题，因此需要收缩毛孔，控油抗痘，减少油脂囤积，也要随时注意脸部出油状况，像吃饭、运动后容易留下油脂，就一定要注重清洗，使毛孔畅通，不阻塞。

针对脸颊、眼角等容易干燥的部位则需要加强保养，使用保湿滋润的护肤品，维持肌肤水分的平衡，避免出现细纹。因为肌肤拥有两种不同特性，因此上妆后脸颊吸粉效果好，但容易出油的鼻头便会经常脱妆，虽然护理及化妆较为麻烦，但只要勤劳保养，也能够维持好肤质。

换季时节最敏感

- 皮肤容易出现小红丝
- 皮肤较薄且缺乏弹性
- 换季或遇冷热时皮肤便会发红
- 容易产生丘疹、红肿，易生成面部红丝
- 容易过敏及易晒伤

敏感性肌肤不仅容易过敏，而且十分脆弱，因此要特别小心保养，注意避免阳光日晒、干冷风沙，也要少吃烧烤、煎、炸、辛辣的食物并维持有规律的生活，让肌肤稳定。选购保养品时更是一项大学问，除了选择不含酒精、香精，或是选择性质温和的天然植物配方产品，最好先在手腕、耳后等不明显的皮肤处进行测试，确定不会出现红肿过敏反应，再行购买。如果真的发生过敏现象，一定要停止使用所有的保养品，并到医院进行专业检测。

敏感性皮肤较无弹性，因此无论是清洁脸部或是涂抹保养品都不要太用力搓揉，避免肌肤发红。虽然面膜仅需服贴于脸上就能进行保养工程，但仍需考虑面膜纸质、精华液成分是否会影响敏感性肌肤。建议可以请专业人士针对肤质以及面膜成分推荐合适的面膜，就算是敏感性肌肤也能维持好肤质。

肌肤警讯不可不知

随着年龄增长以及环境关系，即便原先皮肤属于优质的中性肌肤，也有可能渐渐改变，生活中的大小事也都可能让皮肤发出各种警讯（例如痘痘、斑等）提醒我们要开始保养，而且皮肤问题更可视为身体的防卫前哨站，不同部位的皮肤状况对应体内器官的病变，因此绝对不容轻易忽视。就算再忙碌，也要正视身体发出的讯号，利用面膜做立即的护肤。

冒痘问题严重

许多人时常受到痘痘困扰，而生成痘痘的原因不外乎作息不正常导致火气大、清洁不彻底致使毛孔阻塞、女性在生理期开始之前也会因为体内激素改变而出现痘痘。发现痘痘生成时，千万不要去挤压，而是要注重清洁让痘痘自然消去，饮食上也要对辛辣食物及高糖分的饮料忌口。

皮肤不当出油

皮肤出油是正常现象，但如果出现过多油渍，则表示皮肤正处于极度缺水的状态，需要紧急补水，例如喷保湿喷雾或是使用保湿面膜。如果没有及时补水，肌肤会更加油腻，并且出现毛孔阻塞问题。

出现莫名的黄斑或黑斑

斑的出现来自内分泌的变化、阳光曝晒或是引用过多酒精，造成体内不当累积毒素，因此除了控制饮食，晒后一定要涂抹芦荟胶镇定肌肤，避免皮肤衰老出现皱纹，对于第一线接触阳光的脸部更要使用亮白抗老面膜，让肌肤保有水嫩光泽，不易出现恼人的细纹。

毛孔粗大、出现细纹

肌肤出油会导致毛孔粗大，但从某一天起会发现脸上不仅有粗大毛孔，常随着脸部表情变化的眼尾、嘴角出现了细纹，同时肌肤弹性也会渐渐消失，这便是肌肤开始老化的征兆。此时除了大范围的皮肤保养，还有许多针对局部开发的面膜能够修复细部肌肤，达到平衡状态。

皮肤粗糙生成皮屑

这种状况好发于季节变换的时刻，由于气温与湿度的改变造成皮肤来不及调节而出现白色细纹及细屑，而且十分干燥，这是因为皮肤缺水的关系，建议可以使用补水产品滋润肌肤，否则不仅皮肤受损，掉落的皮屑也会影响观感。

皮肤底下的深层秘密：
每个人的肌肤中都有这些营养素

化妆品（cosmetics）来自希腊文的词汇 kosmetikos，意指装饰的技巧，透过色彩的点缀以及霜液的滋润让肌肤更加美丽，但其实褪去装饰，人类肌肤本来就拥有天然的光泽，只是因为环境污染，还有年龄增长失去色彩，而化妆品与保养品正是补充流失营养的好帮手，因此在使用保养品时更要认识肌肤内的营养，才能保养得宜，重现水嫩肌肤。

水分

皮肤可分为表皮、真皮及皮下结缔组织和附属结构，每一层肌肤的含水量都不同，表皮约有 10% ~ 35%，而越往里层含水量越高，真皮含水量可达 80%。每天约有 20% 的水分经由肌肤流失，人体如此需要水分，因此无论以喝水补充水分或是利用保湿液都是不可缺少的，否则可能引起肌肤甚至器官衰败的严重问题。

维生素 A

维生素 A 功能在于增生胶原蛋白与弹力纤维，使得肌肤紧致有弹性，保持年轻状态，当人体缺少维生素 A，皮肤便会干燥且角质层间隙的角质脂缺乏，造成角质层皮屑增加，使肌肤变得像鸡皮一样。

维生素 B 群

维生素 B 群含有维生素 B_1、维生素 B_2、维生素 B_3、维生素 B_6、维生素 B_9（叶酸）等元素，能提升细胞活性，并辅助氨基酸、蛋白质、碳水化合物的代谢，活化身体机能。

维生素 C

维生素 C 能参与人体内的氧化还原反应，抑制黑色色素形成，市面上的“左旋 C”即是维生素 C 的其中一种结构体，但正确的名称应为“左式右旋维生素 C”，是美容中不可或缺的营养素。而维生素 C 能由蔬果补充，尤其是柑橘类水果的含量更高，天然又有效。

维生素 E

维生素 E 又称为“抗氧化剂”，能够由身体内部向外修护，中和自由基以保护肌肤，延缓皮肤衰老，还能促进皮肤血管循环及血球细胞的健康，保有活力与生机。平时可通过牛奶、谷类、深色叶菜类摄取足够的维生素 E。

钾（K）

钾元素能够调节体内的酸碱平衡，并参与细胞和蛋白质的新陈代谢，以及维持规律心跳。而正常人体会将多余的钾排出体外，如果缺乏钾会造成肌肤浮肿，钾离子太高则可能导致低血压和心律不齐等问题。大多数食物均含钾，因此在饮食摄取上需特别注意。

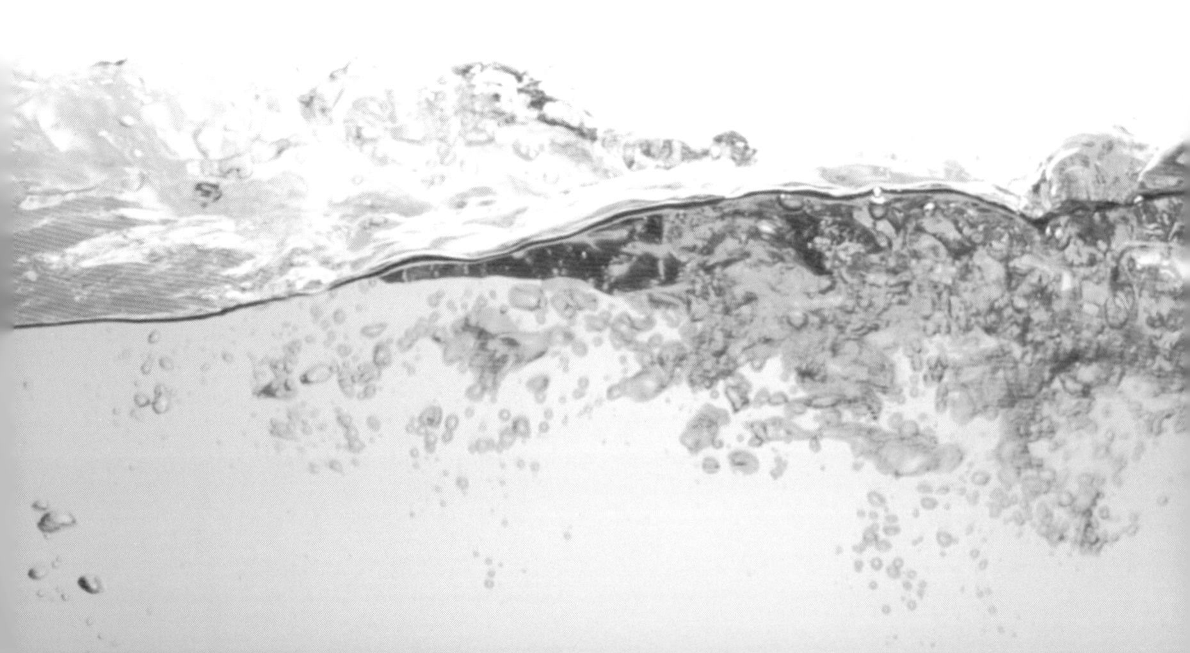

锌（Zn）

锌元素是人体必备的微量元素，肌肤当中含量最高，占人体中总含量的20%，是促成蛋白质及核酸合成的重要物质，影响肌肤弹性。如果缺乏锌会使肌肤变得粗糙、干燥，也会让毛囊皮脂堆积成硬块，形成青春痘。

铁（Fe）

铁元素对于人体造血有一定的帮助，促使正常的血液循环运作，当血流畅通，皮肤微血管的红润光泽浅显易见，反之会使得肌肤苍白、黯淡。女性因为经期影响，比男性更加需要补充铁元素，饮食上可由紫菜、内脏、红肉中摄取，以维持身体机能的正常运作，否则可能出现贫血晕眩。

胶原蛋白

胶原蛋白就像皮肤中的“弹簧”，能使肌肤光滑丰盈，而胶原蛋白的形成与蛋白质息息相关，因此摄入脂肪较低又富含蛋白质的牛奶、鸡蛋、豆腐等等帮助维持 Q 弹肌肤，反之随着年龄的增长，体内的胶原蛋白渐渐流失，肌肤就会松弛且出现皱纹。

面膜教父
细说美丽膜法

爱美是人的天性，自古以来不分男女，无论年轻年长，总在寻求各种方式希求青春常驻，尤其对脸部的保养，于是在古代科技尚不发达时，秉持神农氏尝百草的大胆精神，取材身边天然素材以求美丽效用的例子比比皆是。

历史中即记载东西方美人维持透嫩肤质的绝妙秘诀，无论是简单的护肤配方，或是珍贵药材所提炼精制而成的专属保养品，皆来自为美丽无悔奉献的研究精神。现代人同样不断深入研究专业知识，量身打造合适的美妆保养品。

其实面膜的故事源远流长，一直以来更以不同形式存在于生活之中，近10 年更由于科技进步与设计巧思的加入，让面膜形式渐渐定调，以纸状的面贴式面膜与消费者见面，甚至加以无限延伸，造就科技与设计的无限可能，也让保养之道显著改变，承先启后开启新的一页。

女王们爱用的保养秘方

面膜是现代的产物？非也，我们不妨穿越时光，回到古早社会中一探究竟。当然，有史料记载者自然不会是平民百姓，且让我们回到富丽堂皇的宫殿中，看看女士们独有的保养秘辛。

埃及艳后的独门秘诀

传说中，拥有“埃及艳后”美称的克丽奥佩特拉七世，不仅迷倒罗马帝国两任执政官凯撒与安东尼，且天生慧黠聪颖、外貌姣好，但她仍利用天然的素材保养脸部，维持那流芳百世的美貌。夜晚时，埃及艳后会在脸上涂抹蛋白，蛋白干了之后便形成一层膜，次日早晨再以清水清洁，便能感觉脸部肌肤更为紧实、滑嫩，据说这样的敷法与现代的面膜发展有所关联。然而以现代保养观点看来，敷上一整晚的面膜实非好事，待面膜纸的水分完全蒸发，会开始争抢面部原有的水分，使皮肤变得更为干燥，失去保养的意义。纵然如此，只要在肤况允许的情形下，蛋白亦是许多人推荐的天然保养品，蛋白中含有蛋白质与水分，其中包括吸水能力佳的黏液蛋白，能锁住水分，将其挽留于皮肤，增加角质层的含水量，达到保湿的效果。但是由于皮肤无法吸收蛋白中的蛋白质成分，所以保养功效仍相当有限。

杨贵妃专用的高级面膜

在生物科学技术尚未发达的古代，能够用蛋白等天然物质作为保养品，冻结青春年华，已经是很了不得的发现。在中国唐代，追求美丽的功夫亦是不遑多让，想方设法、无所不用其极。在进贡制度之下，各地为朝廷献上许多珍馐药材，成为后宫嫔妃获得百般荣宠的证明。

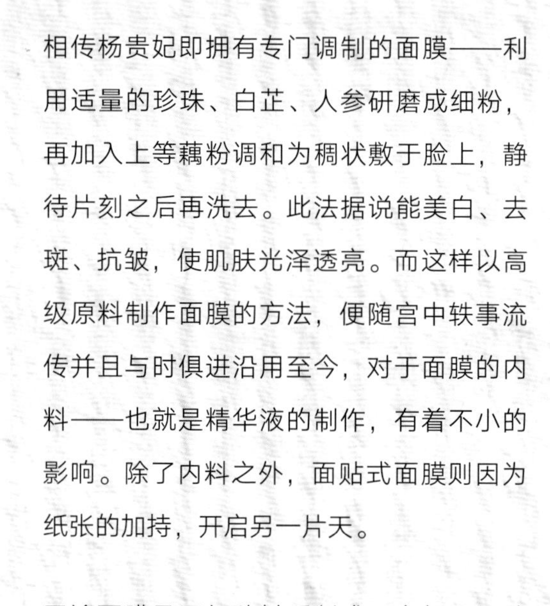

相传杨贵妃即拥有专门调制的面膜——利用适量的珍珠、白芷、人参研磨成细粉，再加入上等藕粉调和为稠状敷于脸上，静待片刻之后再洗去。此法据说能美白、去斑、抗皱，使肌肤光泽透亮。而这样以高级原料制作面膜的方法，便随宫中轶事流传并且与时俱进沿用至今，对于面膜的内料——也就是精华液的制作，有着不小的影响。除了内料之外，面贴式面膜则因为纸张的加持，开启另一片天。

无论面膜是用何种材质制成，它都是一种“强迫性的保养”，将精华营养敷在脸上，使其吸收藉以滋润皮肤，希望透过精华液与皮肤的近距离接触，达到保养的目的，获得美丽脸色。

外婆少女时代的奢侈品

虽然现代开架通路林立，网络上更可购得各式保养品，但在 20 世纪 60 年代以前，化 妆品工业却是一项奢侈品产业，并以国外品牌的进驻为主力。1959 年，台湾资生堂公司以日本授权制造的方式成立，是台湾第一家有规模的化妆品公司；1964 年，美国知名品牌蜜丝佛陀引进台湾市场，让名媛贵妇们不必再远赴外国购买美妆保养品，在百货公司专柜就能够找到心仪品牌的踪迹，但可想而知这些高端品牌的价格正如其爱用者一样奢华，实在不是一般民众能够接受的价位。1968—1970 年，日本奇士美、佳丽宝也相继进入市场，各家争鸣。

20 世纪 80 年代，保养品盛世到来

除了经济的影响，20 世纪 80 年代开始，台湾修订化妆品卫生管理条例等等法令，并顺势开放化妆品进口，让曾是奢侈品的各式化妆用品价格变得平易近人，业者们亦看准其中的商机，进口国外品牌或是请求代理业务。同一时期，以往在台湾设置分公司的海外品牌尝试采取技术合作，让台湾产业加入代工制作，甚至扮演营销通路的角色；更有新兴业者投入研发，为东方肤质打造合适的保养品。

美容产业在海外拥有多年根基历史，台湾业者也积极向邻近日本等国家取经学习，像资生堂、高丝等等企业都已有长青企业之姿，80 年代崛起的 SK- II、DHC 亦窜升为畅销品牌，开发许多化妆品、保养品，面贴式的面膜亦是其 中的一环。从开架式商品到高级专柜，各式价位及种类的美妆保养用品应有尽有，多元化的经营触角，满足不同的消费客群，亦让美容市场成为兵家之地，大 型企业争相以生物技术进入化妆品领域，引发了台湾化妆保养品产业的无限生机，而面膜在美妆保养品中则是近几年崛起的新秀之星，不仅改变了人类保养的习惯，更开启了美丽新纪元。

现代面膜其实源自 SPA

20 世纪七八十年代，台湾经济繁荣，年收入逐渐增加，许多人开始选择投资自己，注意自身仪容以及生活状态，更愿意花费大笔金钱雕塑身材、打造完美肌肤。在疲累忙碌工作后，更想要修复因为长期上妆而受损的皮肤，藉以展现焕然一新的面貌，因此 SPA 馆、养生馆、美容沙龙开始林立于大街小巷，专业的护肤设备与精巧的按摩手法，让许多人选择到此“做脸”放松身心，美容师们更搭配各式精油、保养品的运用，加上 SPA 所能带来的效果。SPA 业者看准这股商机，遂由岛内外搜罗高级清洁用品、护肤保养品，以满足客人的美丽需求，亦顺势带动美容相关产业的发展，许多台湾中生代美妆品牌正是这股潮流的参与者之一，并随着时间更加成长，至今仍活跃于美容界之中，为台湾美妆历史留下一笔辉煌纪录。

面贴式面膜是现今最为人熟知且广泛利用的面膜种类，但早期尚未有面贴式面膜时，要耗费许多时间涂抹、清洗，非常不便。贵妇名媛们为了进行深度保养，会选择前往 SPA 馆进行“做脸”。SPA 馆内做脸的方法，即是先将脸洗净后，

再透过按摩将毛细孔打开，接着均匀涂抹保养品让皮肤能够吸收，但精华液在与空气接触时非常容易挥发，导致效果无法彰显。因此有人想出以棉纸、湿纸巾沾着精华液贴在脸上，隔绝皮肤与外界环境接触，适当封存皮肤，藉以让皮肤表面温度稍高，催使毛细孔张开，并且软化皮脂，让老废角质能够软化松动，不仅省去人力按摩皮肤的成本，更能够缩短时间，消费者只要躺在 SPA 椅子上就能够自在地享受护肤过程，不仅舒服，还能够保养深层的皮肤。

然当时技术尚未成熟，一片面膜的价格从几百元到上千元不等，且又厚又重，敷在脸上就像戴着面具，使用及携带上相当不方便，因此虽然在 SPA 馆内可以躺着敷面膜，却无法普及至市场，为消费者所诟病。而后经过专家改良，价格渐渐回稳，使用率才日趋提升。站在商品研发的角度上，KC 面膜教父开始发想如何减轻纸张的重量，如何更服帖的纸张，不断找寻并进行各项研究，于是纸张由 80 磅到 60 磅往下调整，让纸张变轻盈，贴在皮肤上不容易掉落更服帖；又让精华液能与皮肤近距离的接触，使脸部均匀且准确地吸收精华，达到美白、抗皱、保湿等效用。

面膜商机正式起飞

资讯普及加上国外保养新知日进高涨的 90 年代，面贴式面膜的便利及效果迅速传开。常需保养脸部的明星们也随之关注面膜潜力，因此成为最好的代言人，让面膜市场发展得更加快速。除了跟随明星推荐选用相关的保养品之外，美妆部博客亦透过亲身试验分享使用心得，让更多的人能够了解各项产品。台湾业者们抓准面膜的流行趋势，不断推出新款商品，台湾面膜的品牌实力更使外国观光客走进药妆店将架上的面膜一扫而空。根据近年调查资料显示，药妆店内每分钟大约可卖出 14 片面膜，平均 5 天所有药妆店卖出的面膜叠起来相当于台北 101 的高度，不仅消费力惊人，台湾人对于保养的关注程度更是逐年上升。

提到美妆、保养，一般业者总会以 26—45 岁的女性族群为定位，或是将配方、纸材、包装设计都较为粉嫩可爱，抢攻十六七岁少女的市场。近年来，男性族群与各年龄层对于保养品的需求也急遽增长，于是从男士专用的清洁用品开始，推出各式保养品，帅气明星加入代言更带动男性们“打理面子”的热潮，面膜亦是其中的一员，携带方便加上多样选择，遂成为现代人不可或缺的保养品。

面膜选择很重要

“面膜”，顾名思义，系以膜状物包覆面部的保养圣品，膜状物的种类甚多，包括纸材（广泛来说）、泥状、冻胶、霜状等，外观虽大相径庭，仍不脱藉敷料与肌肤紧密贴合以提高肤温，加速营养成分吸收的原理。在竞争激烈的市场中，消费者挑选面膜的依据便是保养功能以及价格。保养功能关乎其中精华液的成分，像玻尿酸、胜肽、杏仁酸、各种维生素含量等。价格亦是消费者考虑的取向之一，摊开市面上琳琅满目的面膜清单，从一片 20 元以下到百元以上价格的面膜都各有所好，如何在效用及价格中取得平衡，是每一位爱美人士的想望，在后续的章节我们也会告诉各位如何依照肤质、使用需求挑选 面膜，并揭开面膜制造过程，更加了解面膜背后的美丽魔法。

不只保养，更是最佳伴手礼

面贴式面膜除了台湾地区、日本以外，绝对不能够错过韩国，惊人的创意加上强力的营销手法，每种面膜都让人跃跃欲试，更成为到韩国旅游必买的伴手礼，将面膜价值提升至另一个境界。中国市场则是另一个新世界， 2007 年面膜在中国的销量约 2000 万片，对比 13 亿人口的基数，可说是小巫见大巫。但不到 10 年，销量增长 10 倍以上，品牌更是在中国各地点点开花，将面膜与 其他保养、美妆品结合，开创出更大、更广的市场效应，亦让消费者有更多元的选择。

贴、敷、抹、喷样样来 没错！这些都是面膜

脸部保养系藉由将保养品直接涂抹脸上的方式，延伸为利用各式面膜敷贴脸部达到保养的目的，古代面膜将原料精华直接涂抹于脸上，过了不久就会在脸上形成一层薄膜，藉以保养肌肤，亦是“面膜”名字的来由。但其实面膜还有不同类别形式，来自于科技的进步，使人察觉直接涂抹保养品的吸收度不如预期，于是改以纸材的方式敷脸，将精华彻底包覆于脸庞，美丽因而再生。目前市面上面膜的分类主要以“面贴式面膜、撕拉式面膜、膏泥状面膜、冻胶型面膜、乳霜型面膜”五大类为主，适合不同肤质，亦有功效的差异，因此在选择面膜时千万不要被功能所制约，还要依照面膜用途的不同分别使用才能够发挥最大功效。

面贴式面膜 • 人手一片的当红炸子鸡

面贴式的面膜是现代人最熟悉的面膜形态，概念与嘉年华会中常见的“面具”相似。“面膜”的英文为“FACIAL MASK”，与“面具”的英文“MASK”亦有异曲同工之妙，面贴式面膜将纸材与精华液妥善结合再敷于脸上，不仅安全性较高，更可以针对不同的肤质选择不同的面膜，但这种面膜的特点不单于各项精华液的调配，纸材的选择与刀模的制作将影响面膜的服帖性。

倘若不够服帖，会造成精华液在脸上分布不均，美肌效果亦会大打折扣，敷在脸上也会不舒服，KC 面膜教父不断研究调整面膜纸的版型及材质，让面膜纸与肌肤的服帖度变成完全服帖接触。

撕开铝袋将湿润油亮的面膜贴在脸上，等待 15 ~ 20 分钟后取下，清洗脸部后，以适当的保养品轻拍脸部就完成了保养程序，不仅增强角质更生的能力，亦促使皮脂分泌正常，达到深层清洁的效用。

当皮肤去除老旧角质，又能保持毛孔清洁，脸上自然重现生命力，一天都能够神清气爽。正是如此简单的步骤让面膜成为美丽新宠，省去瓶瓶罐罐的繁杂程序，轻松打理门面，而且拜赐于科技的进步，在无尘室的包装之中能够杜绝细菌，大大提升卫生品质，安全性也较其他种面膜高出许多。

只是每个人的肤况都不尽相同，敏感性肌肤的朋友更需要小心挑选保养品，面膜亦是如此，使用前建议可以剪一小块面膜，敷在脸部外侧肌肤，确认是否有不适感，再行使用。面贴式面膜亦是本书讲求的重点，往后将会带领读者了解面贴式面膜的各项特色、选择要点以及正确的使用方式。

撕拉式面膜• 爽快除去脸上污垢

撕拉式面膜的主要成分为水、酒精与高分子胶，如同其名称所述，撕拉式面膜便是将高分子的聚合物制成片状，利用拉扯的方式带走脸上的污垢，但用过的人都知道，撕拉的同时亦会产生刺痛感，虽然除去污垢，亦有可能伤害皮肤；加上虽然酒精浓度不高，对皮肤而言却仍有刺激，并因为挥发的效果带走脸上的水分，因此撕拉式面膜的保湿效用差于其他面膜。为了改良撕拉式面膜，便加入保湿剂，但过多的保湿剂会造成面膜无法干燥，常可发现面膜包装上写着“等待面膜干燥之后就能够剥除”。却因为脸上状况、面膜涂抹多寡、天气等等影响，加上保湿剂的作用，造成等待超过半小时，面膜还是无法干燥，保养效果也不如预期的窘境。因此撕拉式面膜不适合全面性的保养，仅适合局部使用，敏感性肌肤的人更是要避免使用，以免在保养之前就先伤害脆弱的肌肤。

膏泥状面膜• 原始智慧滋养皮肤

泥浆、泥土敷脸的保养方式可以推溯到古希腊及罗马时期，在富含矿物质及微量元素的泥土中沐浴，不仅能够消炎杀菌，亦能够清除油脂，使毛孔更加细致。台湾也有天然的泥浆保养，例如台南关子岭的泥浆温泉、花莲天然的麦饭石泥等等。原始的土壤经过岁月的积累，以及纯净水质的滋养，去芜存菁留下珍贵的养护元素，能够深层净化毛孔，滋润皮肤，代谢老废角质，让细胞更加活跃，找回生机并吸附多余油脂，让毛孔更紧实细致。

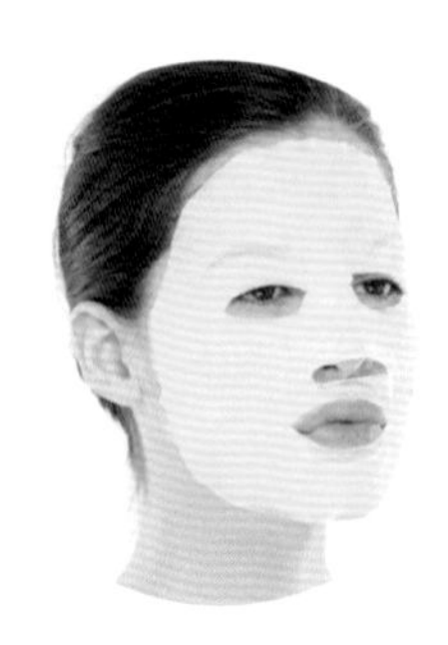

膏泥状面膜亦继承这种精神，以海泥、火山泥甚至冰河泥等泥类作为基质，并因应不同肌肤调整比例，搭配水与保湿剂才能发挥深层清洁肌肤、吸取油脂并去除老厚角质的效用。但强力的功效下对于皮肤的刺激性也较大，比较适合油性肌肤或是容易长粉刺的肌肤使用，一周约使用一次即可。膏泥状面膜的天然原始的成分需要时间的砥砺沉淀才能成为营养丰富的膏泥，价格较为昂贵，所以标榜高成分却以便宜价格贩卖的产品是不可信的，轻易使用可能对皮肤造成莫大的伤害。

冻胶型面膜 • 清凉透净扑面而来

冻胶型面膜分为透明和不透明两种。像是果冻一般Q嫩的冻胶型面膜拥有各种颜色与淡淡的水果香味，对视觉与嗅觉会产生刺激，造型独特更让人爱不释手。透明面膜主要加入水溶性的护肤成分，比较适合油性肌肤；不透明的冻胶型面膜可以加入更多营养成分及保湿剂，因此干性肌肤也能够使用。涂抹时不能只是薄薄一层，需要有一定的厚度，均匀覆盖毛孔才能发挥效果；冰凉的触感，在夏日用来舒缓晒后肌肤是再好不过的选择。

乳霜型面膜 • 滋润保湿一次完成

对于干性肌肤与中性肌肤的人来说，乳霜型面膜是一项很好的选择，因为这类面膜其实是将乳霜做得更加浓稠，并利用一些高吸水的成分，搭配产生光亮度的油脂，使肌肤水嫩透亮，因此保湿、滋润等等效用与乳霜无异。其中含有许多乳霜的护肤成分，也可以作为晚霜使用，敷完后擦拭干净即可，无须再清洗脸部。

KC 面膜教父
2007 年第一家进入欧洲的面膜厂商

亚洲国家深陷面贴式面膜的魅力之中，而早些时候到过欧洲旅游的朋友一定会发现，几乎找不到面贴式面膜的踪迹，取而代之的是罐装的面膜，让人不禁想起千年以前老祖先利用泥类敷脸的天然情景。造成欧洲、亚洲如此的差异，其中一项原因源自欧洲讲求环保的观念，自然不会选择一次性的面膜。

10 年前，欧洲市场几乎找不到面贴式面膜的踪迹，KC 面膜教父率先将 MIT 面膜推入欧洲市场，欧洲也在全球的面膜风潮之下，大幅增长面贴式面膜的使用率。除了来自各方试用的口碑营销，面贴式面膜的效果更让欧洲人趋之若鹜，比起亚洲人需要美白的效用，原先就拥有白皙肌肤的欧洲人，对于抗皱、抚平细纹的面膜更感兴趣，使用上也较过去罐装式面膜方便，撕开铝袋、敷上脸就完成了，脸上各部位都能够均匀接收滋养；泥状面膜则需耗费许多时间涂抹，且重复开关瓶盖亦会产生卫生安全的问题，后续清洗也较不方便，种种差异让消费者开始往面贴式面膜靠拢，也让面膜成为生活中不可或缺的必需品。

“纸”有坚持
一张纸改变面膜历史

世界上的纸类繁多，要符合“轻、薄、透明、服帖”的面膜纸材特色，却需要四处走访寻找，在一次又一次的测试中，发现要符合轻、薄、透明又能够服帖于脸部的纸类非常困难，因为纸张或许符合轻薄的特性，但一泡水后即软烂分解，根本无法吸收承载精华液，敷到脸部又如何能够发挥面膜的效用？

KC面膜教父这样说

在不断找寻之下，我们发现某一种高科技用纸能够成为面膜改革一大利器，改变大众使用面膜的习惯，不再为过往厚重的纸材伤脑筋，强大的吸水性与高嗜水度的优点，更提高精华液被皮肤吸收的效能。2004年，我们制作出“羽翼丝光”面膜纸，正如其名称一般为脸部保养增添无比光彩，更引领市场流行，将面膜发展推向另一个高峰。

面膜除了利用纸材作为完美底衬，更历经多次试验调配而出的精华液，两相搭配找出合适比例，藉以深层修复肌肤底层找回原生透亮的光泽，让每次保养后都能面“面”俱到，展现原始“膜”样。

相遇世界最薄面膜 SE384 羽翼丝光

又称 羽翼面膜 | 隐形面膜 |蚕丝面膜 | 羽丝绒 | 裸敷绒

没错，对于大部分的消费者而言，沾上精华液的面膜质感大同小异，但在业者的眼中一丁点的差距都可能造成面膜的不同质感。面膜的主要特点在于轻、薄、透明，加上服帖性，一般纸材却无法符合所有的特性，因此早期面膜总会给人闷或是厚重的质感。不过一张好纸的出现改变了面膜的历史，如蝴蝶效应，影响世界各国对于保养的观念与方法，并带动研究风潮，深度探究不同肤质的需求，找出合适的保养因素；细细掂量各种纸材特性以求与精华液完美搭配，揭开“面”纱，细说美丽“膜”法。

再不断寻找之下，总算在高科技产业中找到科技用纸，为了不让精致的晶圆沾染尘埃，所用的擦拭纸也必须拥有细致的质感，并且不容易落尘，厚度不仅只有一般纸的 1/3，更是能够完全分解的百分之百纯棉；吸水性是一般纸的两倍大，还能完整保存面膜中最重要的水分。只是这样的纸张价格较一般不织布昂贵，经由开发与改良之后，“羽翼丝光”轻、薄、透明、服帖特性面膜纸就大量产生。

一张好纸就像是一匹高级布料，轻柔飘逸、触感极佳，又能够凸显身材特点，“羽翼丝光”面膜纸亦是如此，宣告面膜“轻、薄、服帖、透明”的特性正式来临，半透明的隐形感不仅改善美观问题，更几乎看不出在敷面膜；吸水性佳、释水度高的优点，亦提高精华液被皮肤吸收的效能。2004 年，KC 面膜教父创造的“轻、薄、服帖、透明”的观念，由此“一张纸改变了面膜历史”、“一片面膜创造经济奇迹”。

揭秘时间：精华液的十大原料

前面章节曾经提到选择面膜的首要关键在于其中的功效，但其实精华液在面膜中并不是占最大因素，它的比率必须透过精密的研究测试，才能找出纸材、皮肤与不同功效诉求中最平衡的比例，让纸材附着精华液，又能让皮肤完全吸收。所以不要再迷恋广告说词了，小心过剩的养分也会累积在脸上，破坏原有的肤质，对皮肤造成负担。以下介绍面膜中重要的原料特性，让各位更能够了解面膜滋养脸部的秘密来源。

70% 都是水哦

古典小说《红楼梦》里贾宝玉曾说：“女人是水做的。”其实保养品也是水做的，面膜也不例外，水占的比例近 70%，因此说水能够影响面膜的质量，这句话一点也不为过。水分经过不同处理程序，作为各种用途，像饮用水、 GMP 制程用水、医疗用水等，作为化妆品的基底原料，更需严格控制水中的微生物以及菌数，才不会污染化妆品。

而且水质因地而异，像台湾东部地区因为地层作用，形成冷泉及温泉的独有特色，像宜兰的礁溪温泉属于碳酸氢纳泉，泉水清澈而且没有臭味，酸碱值约在 7 左右，涌到地表时的温度约是 58℃，温热滑润，非常适合沐浴、浸泡，富含钠、镁、钙、钾、碳酸离子等矿物质成分，因此拥有“美人汤”的称号，不仅洗后光滑不黏腻，经过处理的温泉水亦能够饮用，或是成为面膜中的水分来源，为脸部量身打造合适的温泉含量比例，敷上面膜随时就像在泡温泉一样舒服放松，对健康也有一定的好处。

什么？居然还要把油脂敷在脸上

人的脸部已经存有油脂，而油脂会在皮肤上形成一层膜，隔绝表层水分的蒸发，防止龟裂、粗糙等等皮肤问题，也能减轻外界的刺激与伤害；油脂的滋润更能使皮肤柔软，增强吸收能力。

不同油脂所呈现的黏度、透气性以及油腻度不尽相同，造成油脂在皮肤上铺展的速度有所差异，效果自然不同。面膜中也含有油脂，以塑造面部的油亮感，而油脂的来源可分为“合成”及“天然来源”两种，像硅灵及矿物油与保湿度相关，比例越高也就越能够滋润肌肤，茶树油则有杀菌、舒缓虫咬的效用，但是大分子的油脂无法为肌肤接受，容易导致皮肤阻塞形成痘痘和粉刺，因此油脂的添加需要经过多重测试才能找到最合适的比例。

乳化剂——乳液的重要原料

乳化剂是水分与油脂均匀混合的重要角色，经过妥善处理后就能成为乳液、乳霜、乳霜状面膜等产品，虽然对于肌肤没有实质的效用，但却是制成乳霜中不可或缺的元素，藉以提升产品的稳定性与触感。只是我们经常能够发现，放置一段时间没有使用的乳霜会离析出薄薄的一层，这便是因为乳化不完全所造成的油水分离现象，亦造成产品失去保湿滋润等效果。因此对于乳霜类的产品，除了要审慎挑选购买之外，也需掌握保存与使用期限，及早用完也能将青春面貌一同锁住不分离。

增稠剂——面膜的主要黏贴剂

增稠剂与乳化剂一样没有实质的护肤效果，通常利用增稠剂中的胶体营造浓稠的感觉，也能够将面膜顺利黏贴在脸上。就连玻尿酸也是一种天然的增稠剂，只是价格偏高，没办法经常使用。不过一旦比例调配不佳，当面膜一拿出来就有滴滴答答的黏湿感，就像黏到胶带一样不舒服。因此业者也透过研究找出新式配方，改变增稠剂的使用量。

防腐剂——保养品的双面刃

台湾的天气潮湿，为了抑制细菌生长与霉菌滋生，早期在面膜的制作过程中从精华液到面膜纸材或多或少都会添加防腐剂，像抗氧化剂就能够使乳化剂不容易随着时间氧化变质，延长产品的时效性及安全性。不过由于成本的考虑，有些业者会直接使用化学防腐剂，不仅价格低廉，而且抗菌性强，只是脸部皮肤是如此细嫩，现在已经有很多安全性防腐剂，只要符合安全标准添加使用，不刺激皮肤或刺痛就可以。

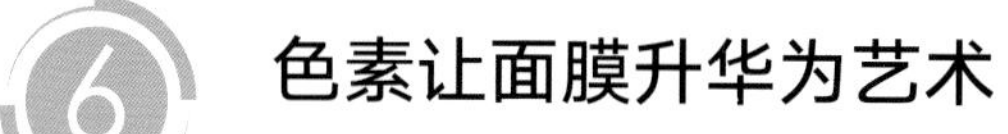

色素让面膜升华为艺术

为了增加美观与舒缓的感觉，会加入色素增加香氛色彩，以白色为主的面贴式面膜几乎不含色素，但近年许多业者开发色彩面膜，让面膜由保养品晋升为艺术，其中色素可能来自原料或是萃取植物花卉的颜色，建议皮肤较为敏感的人要特别注意色素来源。

香精，沉浸在芬芳世界

香精的味道较浓郁，且不具疗效，大致可分为植物性、动物性与化学合成香精。一般保养品为节省成本，多使用化学合成的香精，虽具浓烈迷人的香气，但毕竟是人工香料，可能会危害肌肤健康，因此在购买任何保养品时务必注意香气的来源，通常香精的味道非常明显，加上面膜紧贴于脸部肌肤，可能会让鼻子不舒服，也有可能侵蚀皮肤，导致过敏等现象。

缓和身心全靠精油

精油是自大量植物蒸馏或压榨萃取而来，由多种有机分子组成，这些成分会互相作用，致使精油有其疗效产生，由于面膜直接贴近皮肤，加入香精或精油除了能够掩盖原料的味道，更能够改变心情。不同精油散发各种气味，有舒缓镇定的效果，像玫瑰精油的芳香精油嗅觉神经进入脑部后，能够刺激大脑前叶分泌内啡汰及脑啡汰两种荷尔蒙，不仅鼻嗅玫瑰香气仿佛置身花园，更可以让精神进入舒适的状态，也因此玫瑰精油具有“精油之后”的美称。另外像薰衣草精油、茶树精油等等都能散发天然香氛。

各种精油·成分与功效

保加利亚玫瑰精油

补充水分、保湿，清除皮肤表面及毛孔内的污物，达到净化皮肤的目的。保加利亚玫瑰精油香气迷人、舒缓紧张情绪，平衡肌肤酸碱度、促进皮肤对养分的吸收。

苦橙精油

镇静神经系统，放松能帮助失眠与心跳加速的焦虑，刺激免疫系统、增强抵抗力、调节皮肤、清除皮肤瑕疵。

柠檬精油

适用于油性肌肤，具有强力抗氧化功效，并能去除皮肤老化细胞抗角质化及淡化黑斑，促进消化系统的功能。

薰衣草精油

安抚稳定情绪，可治疗偏头痛，具有平静、舒缓与精神抚慰之功能，亦能改善失眠。

雪松精油

属性温和的精油，却有很好的安抚及镇定效果，敷在脸上有助于沉思冥想。另具有抗菌、收敛、消炎、镇静等功效。

檀香精油 / 檀油

可舒缓肌肉痉挛，是最佳稳定情绪的圣品，亦适用老化缺水的肌肤。

桧木精油

浓郁芳香的桧木精油，可消除失眠、头痛、焦虑，增进血液循环、活络细胞的新陈代谢。

茶树精油

强烈的抗氧化效果，亦是消毒、杀菌等纾缓皮肤问题的精油，净化效果极佳。

尤加利精油

很强的抗炎效果，特别有效于鼻塞，缓和呼吸系统；也能减轻晒伤，帮助皮肤新组织的形成。

迷迭香精油

消除精神疲劳，刺激记忆，亦具有较强的收敛作用，调理油腻不洁的肌肤，也能作为天然体香剂和芳香剂。

肉桂精油

能紧实松垮肌肤，舒缓肌肉痉挛和关节的风湿痛，有温和的收敛效用。

柠檬草精油

清除皮肤过多的油脂，预防青春痘产生；有效调节皮肤毛孔粗大，帮助肌肉紧实。

野姜花精油

清爽芬芳，平衡油脂，舒缓痘痘肌，预防色素沉淀，恢复柔皙之肌肤。

洋甘菊精油

适用任何形态的肌肤，特别是敏感性肌肤。令人适度放松、稳定情绪，也适合来改善失眠；有减轻焦虑、紧张、愤怒与恐惧情绪等作用。

乳香精油

带有木头香及香料味，萃取自乳香木产出的香气树脂而制成，能帮助缓解焦虑及执着的心情，使人心境平和，亦抚平皱纹，收敛肤质。

香茅精油

净化心灵，香气宜人，有除臭与激励提振效果，亦能舒缓神经痛、风湿痛与头痛。

佛手柑精油

适合油性肌肤，对于湿疹、干癣、脂漏性皮肤炎等皮肤问题有良好的处理效果。能提神醒脑，具有镇定效果，舒缓神经紧张。

丁香精油

振奋精神、有益于消化系统、舒解胀气与紧张性头痛，减轻呼吸道的问题。

主角登场：各项活性成分

活性成分即是面膜主打的效用，其中又以保湿、美白、抗老的功能最为民众推崇，一些较为耳熟能详的名称，例如氨基酸、熊果酸、维生素……大多数人都能够意会，但翻到包装背面写着中英文交杂的专业文字，究竟里面添加了什么成分，这些成分又分别对保养产生什么影响，却总是让人摸不着头绪，本书将于第三章详细剖析其中成分与功效的搭配。

涂抹保养品的目的是为了达到效用，但在美丽之前，安全、安定不伤肌肤更是最基本也是最重要的要求，因此在制作面膜的过程中必须将容易导致过敏的成分降到最低，像乳化剂、香料、防腐剂等等容易发生红肿痛痒的反应，更要斟酌添加或是以其他的成分替代。

除了精华液中的添加之外，面膜纸本身也可能因为加工处理的关系，残留引发过敏的物质，或是遭不肖业者添加荧光剂或是漂白剂等成分，藉以漂白纸张，但是荧光剂会从面膜的水成分中析出，曾经就有人敷完面膜后，在夜晚时脸上

呈现荧光色的状况，令人啼笑皆非，更对脸部皮肤造成伤害。 因此挑选面膜时，了解其中成分是很重要的，不仅能够找到适合自己的面膜，更能够发挥最大效用。

保湿不可或缺的多元醇

多元醇类成分取得容易，能够大量制造，不仅价格低廉，安全性也很高，能够作为保湿保养品的主要成分，常见的多元醇类包括甘油、丙二醇（Propylene glycol）、丁二醇（Butylene glycol）等。最为人所知且使用的便是甘油（Glycerin），又称“丙三醇”，是古老的天然保湿剂，更存在于人体内。由于俗名称为“甘油”，不少人认为它是油脂的一种，其实醇类的性质贴近酒精。

甘油的使用普遍、价格便宜，对于一般肤质的人，多元醇类的保湿效果已经足够，但多元醇类容易因为环境湿度改变，水分子的含量也会下降，因此无法达到高保湿的效果，老化以及缺水性肌肤就必须寻求其他方法达到保湿效果。

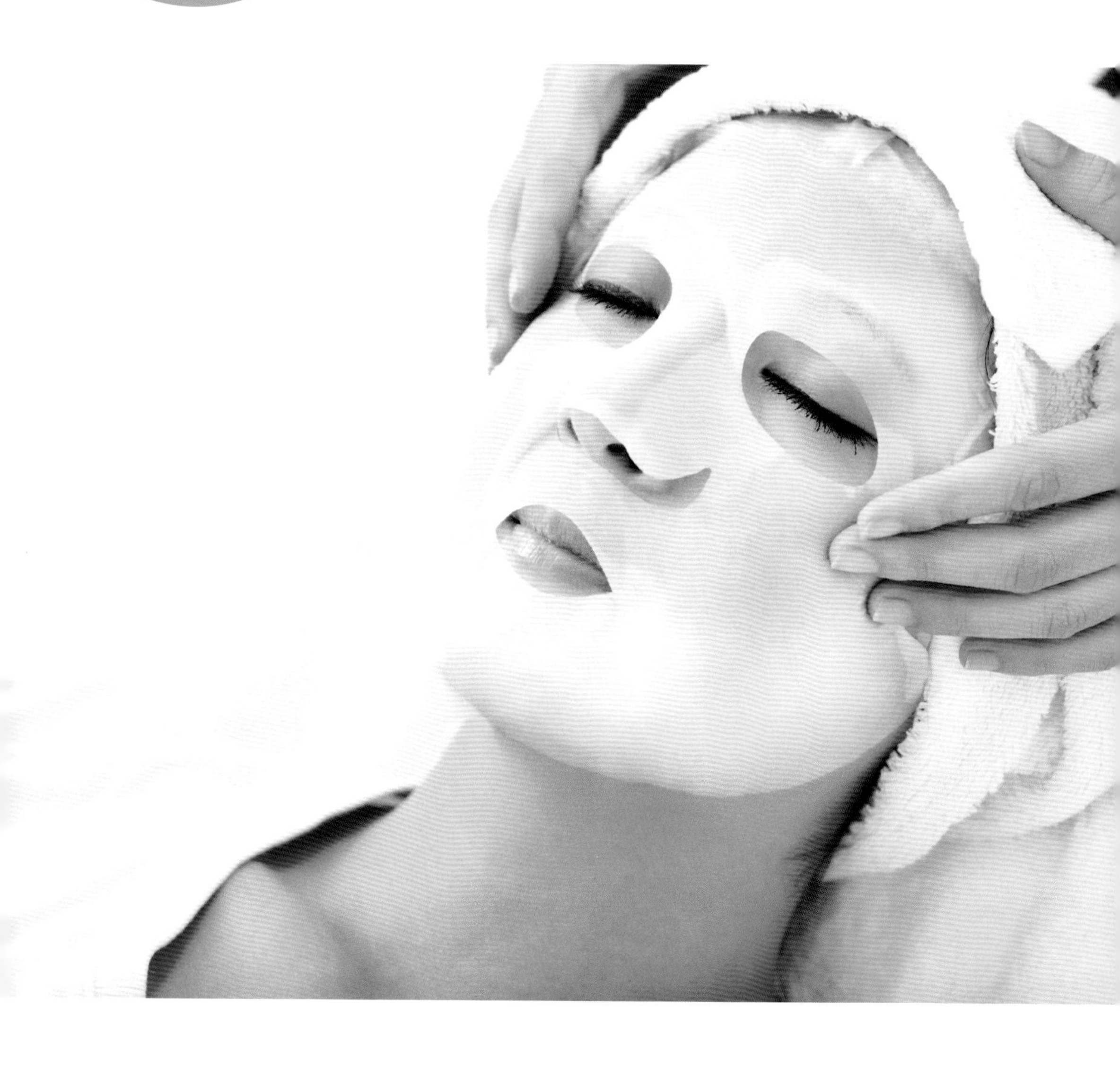

面膜奥秘：只有好配方，没有好纸，效果会减半

影响面贴式面膜效果的不仅是精华液，将营养成分均匀敷在脸上的大功臣——面膜纸才是重点，纸的种类多样，如何从中挑选适合制作面膜的纸张，需要耗费不少工夫，除了运气，更是多年的经验累积才能够找到“轻、薄、服帖、饱水、高渗透”的面膜纸。

然而世界上没有最好的纸，只有最适合的纸与原料谱出最好的功效，因此从保湿、美白、抗老，每一次面膜纸与内料的搭配都是大学问，因此更发展出许多不同需求的面膜，例如最近常听到的种类——耳挂式面膜、小脸面膜等等，以及局部的面膜，像额头面膜、眼罩面膜、双颊面膜、下巴面膜、蝴蝶膜，都是针对不同效用贴在不同地方的产品。

有弹性的纸才够 Q

人的脸型不尽相同, 面膜的款式却几乎单一, 对于大脸的人而言, 脸部边边角角的地方总是无法在贴上面膜那刻就一次到位, 而需扯拉调整面膜, 使其能够服帖脸部的每个角落。但有些面膜弹性不足, 经不起拉扯一下子就破裂变形, 只得勉为其难地东贴西补, 让脸部肌肤能够均匀吸收精华液。但没有弹力的面膜无法妥善发挥面贴式面膜的优势, 反而造成保养的不便与阻碍, 因此初期制作时期就必须审慎挑选纸张, 绝对不能马虎, 才不会为敷面膜留下不愉快的经验。

吸水饱饱精华满满

面膜纸的用处正是承载精华液的工具，而水分又是不可或缺的基质原料，一拿出铝袋便会开始不停滴水，也将精华一点一点落下，十分可惜。因此纸张的吸水性愈强愈能够将精华液顺利吸收，最终为脸部带来滋养。精华液与面膜纸的研究相当重要，相互关系就是纸张的吸收精华液，贴上面膜后面膜纸会不会渗透释放精华液。

厚薄各异各有不同

使用面贴式面膜的好处即是能够妥善服帖与皮肤接触，更容易让精华液进入皮肤吸收，因此从纸张的密度、厚度到重量都必须审慎挑选，过犹不及都会延误皮肤吸收精华的程度。厚重的纸张虽然能够吸收较多的精华液，但有可能因为过于厚重造成闷不透气，于是面膜制作多以轻、薄、服帖为考虑。

但是太薄的面膜吸水力可能较差，无法涵盖太多水分，精华液的含量也会减少，对于业者而言，这便是偷工减料降低成本的方法；对于消费者而言，水分不足，脸部无法得到滋养，面膜效果自然不好。因此务必观察面膜纸是否正常吸收精华液的含量，如此一来才不会陷入轻薄的迷思之中。

服帖才是好面膜

脸部线条有棱有角，在敷面膜的过程中一旦脸部出现表情，面膜也随之移动，让效果大打折扣，时常让人感到困扰，因此无论今天使用何种面膜，“服帖度”一定是不可少的重点。

过去面膜纸材不仅厚，刀模版型与脸型有所落差。经过科技创新与不断研发，改善了纸质与版型设计，让面膜能够服帖脸部，也因此能够将精华液传递至脸上，深入肌肤，达到保养与修复的效果。

全方位面膜（拉提面膜）：保湿、美白、紧致拉提

全方位面膜拥有多功能，能够服帖脸部，也可以紧致拉提肌肤，更拥有高保湿效果。要完成如此复杂多元的功能，纸张的选择首为重要，有些面膜纸质虽然较厚，却能够服帖脸部。以往有耳挂式拉提面膜，虽然纸材厚重（80 磅的纸已经算是厚纸），却利用挂耳的方式由下巴拉到耳朵上，只是因为不同脸型耳朵跟下巴的尺距不同，拉提的过程可能会造成耳朵不适，精华液也会沾黏到头发上，敷完之后，脸上更会留有面膜的痕迹。

拉提效果来自面膜纸张的拉力，却让敷面膜的过程中产生负担，于是经过多重研究，新式的拉提面膜宣告出炉，利用纤维丝加上弹力纤维建构面膜。弹力纤维像橡皮筋一般产生弹力，藉以产生紧实拉提效果，但是正如戴上紧绷的口罩，不一会儿会感觉闷不透风甚至疼痛，因此我们利用纸张“延展性断化”的特性，藉以发挥全方位面膜的最高效能。

当纸张延展时，其中纤维丝亦会随之延伸而断裂，但断裂时会轻微地回弹服帖于脸上，经过多重的测试，我们找到了最合适的纤维，既不让皮肤受到压迫，又能够均匀让精华液更加紧贴皮肤，达到全方位的护肤效果。

KC 面膜教父这样说

纸质
对于面膜的重大影响

面膜就像华丽的面具一般，拥有愈多种制造方法及效果的呈现，而以纸材而言，现今常见的材质可分为生物纤维面膜、水针纸面膜、羽丝缕面膜，其中又以羽丝缕材质服帖度最佳，过敏反应也最低。另外还有竹炭面膜、果冻面膜等等。同样一张脸敷上绚丽的面膜，带来不同的效果，更给肌肤不同以往的触感。虽然比起纸张的材质，消费者更加关心面膜的功效是否合乎自身的需求，但精华液与纸材是一体两面的存在，正如市面上同样功效的面膜，价格却有好几倍的差异，这个关键不仅是精华液的调配，面膜纸张的选择，以及如何与精华液的搭配亦经过多重研究测试，许多业者更是在这一波冲撞中找出轻、薄、服帖的纸材，打造出顶级面膜。

纸浆面膜

从纸材来源到处理程序差异造成面膜纸质有多样选择，各有其优缺点。早期面膜选用纸浆材质，薄而服帖的纸浆（木浆）面膜能够让精华液与皮肤完全接触，但是纸浆材质承载的精华液有限，又因为锁水性不足， 精华液亦容易蒸发；加上吸水后，强韧度不足的纸浆面膜会像卫生纸一样变得软烂，轻轻撕拉就会破裂或变形，非常不方便，于是造成许多人排斥使用面膜。况且纸浆面膜原先以天然的木材为原料，后来因为原木不足改以其他树材或是木屑制成纸浆，以面贴式面膜一用就丢的使用方式，会耗费许多材料，较不环保，而后经由改良，开始使用不织布材质，但是因为厚度较厚，服帖性不足，只要脸部稍有表情变化，就会造成面膜边角浮起的窘境。因此持续改良面膜材质，以轻、薄、服帖为诉求，找寻合适的纸张，制造出服帖且能够均匀散布精华液的面膜纸。

生物纤维面膜

生物纤维面膜，顾名思义是利用微生物发酵所产生，是新型的生物科技产品，亲和皮肤且没有刺激性，纤维细致，细小到皮沟和皮丘，原先为烧烫伤患者作为缓和肌肤不适使用，或是制成人工真皮类的产品。而后发现生物纤维 3D 立体网状交错的结构配合肌肤纹理，因此不容易掉落，高服帖性适合保养面膜的需求，让肌肤在精华液的滋养下，更不会对皮肤造成伤害，但是生物纤维面膜其本身吸收、渗透、释放的特性比较差，需用特别加强高成分的精华液来做支撑。

所以特别注重卫生安全，以免造成发霉或是生成坏菌的问题。制作过程中更是小心翼翼控制每项步骤，首先调整养分的合适剂量，接着经过杀菌、冷却等步骤后，进行菌种培养 10 ~ 15 天的时间后以形成生物纤维。不过此阶段的纤维排列还是很不规则，也依旧留下杂菌，所以还需透过清洗、杀菌，最后制成刀模。

水针纸面膜

水针纸为不织布材质中的一种，另外还有扎针不织布以及热压不织布的制造方式，目前市面上的不织布面膜以水针纸为主。与一般布匹的纵横交织的方式不同，不织布的制作是利用特殊机械将棉料铺排，纤维之间纠结成不规则方向，却平坦均匀，再加工成为有延展性的布匹，但是较大的纤维无法让精华液渗入肌肤纹理当中，敷得过久，反而会倒吸皮肤的水分，令肌肤变得更加干燥。

水针纸的制作则是利用高压水所产生的像针一样细的水柱，将纤维与纤维的交缠梳理成为织布，虽同样是不织布，厚度与触感却有所不同，可惜的是短纤维的水针纸较容易撕破。但延续不织布的优点，水针纸的柔软度与足够的高弹力，敷在脸上能够延展至下巴、耳朵等部位；透气、吸水性强能有效携带面膜精华液，而不会残留过多的精华液在铝袋中。制作过程也不含福尔马林与防腐剂，不会造成二次污染，可以安心使用，加上价格较其他材质便宜，是目前市场面膜的主要纸材。

羽丝缕面膜

棉花为天然生长的原料，因此其中的棉质纤维长短不一，分布的浓密程度也不同，一朵棉花球内含有 4 ~ 7 颗的棉花籽粒，羽丝缕面膜则是使用棉花籽旁边的长纤维所制成，这些纤维又长又密，因此触感柔细，延展性与弹性极佳，几乎透明的纸材，看起来又轻又薄，却难以撕开，制成面膜能够服帖于各种脸部线条，发挥面膜的效用。但由于是百分之百的纯棉绒制成，单价较高。

果冻面膜

有别于冻胶型面膜利用涂抹的方式清洁保养皮肤，果冻面膜将精华液与洋胶或高分子胶混合，就像制作果冻一样放入模型中凝固成型，使其成为一个半透明状的面具，将精华液与水分锁在面膜之中，放入热水又能直接融化，是不少人泡澡时的面膜选择。但因为制作过程注重材质和与精华液的结合力，反而没有考虑肌肤的吸收能力，造成保湿效果不足。

木浆纸质　　弹力纸质　　羽丝缕纸质

创新科技面膜

干式面膜

“干式面膜”正如其名，不含水分，因此其保存期限也较长，不需要添加任何防腐剂，又可以称之为“功效型面膜”。

干式面膜的制作不再倚赖湿润的精华液，它将营养成分经过处理加入纤维原料中，将含有营养成分的纤维原料制造成纤维丝，再将该纤维丝制成无纺布，最后将含有多种营养的纤维丝无纺布裁切制成不同种类的营养干式面膜。

使用时，将干净的液体加入该干式面膜上，液体可以促进干式面膜释放出营养成分，细小的分子就能够渗入肌肤底层发挥效用，使得更多的营养成分释放作用于人体肌肤，达到肌肤美白、保湿、抗老保养的功效。

KC面膜教父拥有干式面膜2012年中国CN-101822632及
2014年台湾I-465213的发明专利

热感应式护肤膜

热感应式护肤膜包括膜体及热感应结构。膜体吸附有保养液，且膜体的两个相对应设置的表面分别为贴附面及外表面，贴附面用以贴附于使用者的肌肤。热感应结构设置于膜体的外表面，且热感应结构能随膜体的温度的不同而改变为不同的颜色。

KC面膜教父拥有热感应式护肤膜
中国专利CN-203989091U及台湾专利M-490876

远红外线面膜

以前面膜上布满的小红点可不是新型的美丽设计，而是远红外线的陶瓷作用点，现在高科技可以直接植入红外线于面膜纸上。因为远红外线波长能抗自由基，并增加精华液的导入吸收效果，提升皮肤保水度。业者开发远红外线面膜，在敷脸时，利用远红外线活化脸部细胞，提升基础代谢率及扩张毛孔，同时也让精华液渗入肌肤之中。

远红外线面膜

金属微导面膜

结合多种科技功能，在面膜中加入金属材质，利用面膜纤维及有效成分复合而成金属微导铂膜，搭配功效精华液，打破传统不织布面膜市场，乃面膜界一个划时代的创新产品。不像传统面膜材质，随着时间过去，面膜水分被蒸发，而失去保湿的效果，金属微导面膜利用皮肤因封闭而提高温度之特性，促使敷膜时打开肌肤毛孔，加速吸收精华液养分，将有效成分更深层地渗透肌肤。亦利用导入仪的概念，让修复精华准确渗透肌肤之中，不仅不浪费任何一滴精华液，更能够在肌肤上发挥最大的功效。

金属微导铂膜结合 KC 面膜教父台湾新型 M503810 及
中国 L201520031339.8 蝴蝶形面膜结构专利，
创造新款金属微导蝴蝶铂膜

KC 面膜教父专利蝴蝶膜以眼袋、鱼尾纹及法令纹作为重点保养部位，利用金属微导的肌肤渗透原理，使有效成分更快速地吸收，达到抚平细纹、肌肤紧致之效果。

台上十分钟，台下十年功

以这句话来形容面膜再合适不过了，一片面膜的寿命只有 15 ~ 20 分钟，却饱含研究团队、造纸工厂等人的呕心沥血。

由研发团队不断吸取面膜新知，内化成为无限的创意，再透过科技将脑中的面膜蓝图化为实体，细心挑选纸材，找出纸张与精华液的最佳平衡点。一切准备就绪，将面膜封口后送到消费者手中，其中用心待消费者敷脸时就能体会。

脸部肌肤的敏锐度正是面膜的最佳测谎仪，从纸张、精华液到功效都能透过肌肤说出实话，因此制造业者更是不得马虎，战战兢兢地掂量每项成分，只为呈现一片优质面膜。

KC 面膜教父这样说

3

膜法、魔法，面膜的功效

一片面膜的诞生日记

面膜在生产前从选纸开模开始，便已充分备有设计概念。因此市面上琳琅满目的面膜，也是来自经年累月的消费者体验而进行产品修改，由最外层的铝袋，内层与面膜一样大的珠光纸、面膜到精华液，每一项看似相同的设计却有极大的差异，也造成价格、质量上的差异。以下由外袋的设计开始，带领各位了解这片小小面膜的精密制作过程。

时尚外套：不简单的铝袋设计

包装面膜的铝袋由外观看来就是一个普通的袋子，但其实铝箔袋的材质又有所差别，并不是外观看到的那样简单，而是拥有复合多层的材质。为防止面膜变质，必须采用高遮旋光性可以预防面膜上精华液的蒸发或是因为阳光高温而产生变质，维持保存期限内铝袋中商品的新鲜度，因此也可以将面膜放入冰箱中低温冷藏，保持面膜的质量。

另外铝袋亦需要隔绝空气及水分接触，防止因水气渗入而受潮变质，达到长期贮存的功能要求。耐酸、耐碱等等物质的腐蚀，有效保存面膜液功能性原料的稳定性，如美白或抗痘成分。由于多重的考虑，因此可高达 5 层以上的合层，比一般铝袋还要厚。而内层的铝袋更是重要，因为内层会与精华液接触，所以必须采用特殊材质，如果挑选不当让铝袋与精华液发生化学反应，是相当严重的问题，足见在如此多种的精华液中找出匹配的铝袋亦是一项大工程。单价更是高昂，再加上面贴式面膜属于一次性的使用，长期累积的成本也让许多消费者难以接受，制造业者针对这些问题加以改进，找出材质更加坚固的铝袋，“内外兼具”减少合层，不仅将面膜重量减轻，成本也能够下降。

最贴合的线条来自刀模设计剪裁

面膜与其他保养品的不同之处在于利用纸张作为媒介，为脸部各个角落均匀保养，因此更需要妥善设计面膜的形状，于是设计者参考面具的原理，同样在面膜上挖空，裁出眼睛、鼻子、嘴巴的空隙。基本上人的五官位置不会相差太多，加上面膜纸本身的弹性，稍微拉扯一下便能够贴合脸部，反而是额头、脸颊及下巴的宽度不同，于是随着使用者愈来愈多，不合脸型的问题也渐渐浮上台面，敷面膜的过程中一不小心就可能吃到面膜上的精华液，或是让眼睛睁不开；小脸的人更是因为面膜过大，敷贴到耳边头发，非常不舒服。

KC 面膜教父 2015 年首创有尺寸面膜

一片好的面膜需要了解纸张的纵向、横向拉力，以及面膜的特性结构才能在制造上下功夫；面膜的刀模制作就像制作衣服的版型，衣服能够因应每个人身材不同制作腰身或是分成S、M、L等尺寸，面膜何而不可，为脸型量身打造，唯有符合脸版的面膜才能够彻底照顾脸部每吋肌肤。

除了刀模设计剪裁，纸质的挑选更是一项要点，许多纸张泡水后便会软烂甚至破裂，面对不同精华成分更会出现不可预期的反应，因此必须经过一再测试找出匹配的纸张，或是调整精华液的浓度及稠度。

内里乾坤大：内部面膜液制作

撕开铝袋后，便能看见一片折叠平整的湿润面膜与一张大小相同的珠光纸，多样纸材的面膜以及面膜精华的成分在上一章节已经介绍过，此处便不再赘述。面膜液的调配来自长期的研究，但脱离不了水分与活性成分，而这两项成分正是细菌的温床，而且在生产过程中还会受到环境中落尘的影响，很难保证完全无污染，因此面膜原料内放入微量防腐剂仍是现阶段不可缺少的做法。不过近年也通过进步的科技以及无尘室的启用免去防腐成分的添加，让面膜液的成分回归营养与水分的滋润。

但是愈加黏稠的精华液绝对不等于滋润效果，还是要从面膜效用以及纸质做判断，好的面膜能够维持纸质原先轻、薄、透明的特性，即便吸附满满精华液，敷到脸上后依然不会造成负担，让毛孔受到滋养又能够自由呼吸。

但是如果敷完面膜后，脸上依旧黏腻不舒服，脸部紧绷感久久消失不去，可能是增稠剂的问题，增稠剂是结合营养成分与面膜纸的媒介，敷完面膜只要清洁就可以了，记得后续可以用轻油性的精华液乳液来保养及防护。

只是在面膜制作当中，消费者无法实际参与了解，打开面膜铝袋就像打开福袋一样，不晓得里面的面膜是否符合自己的需求，幸而一般化妆品的总生菌数、防腐剂、可迁移性荧光 / 荧光增白剂等等添加，卫生署皆有相关规范，为消费者的“面子”把关，因为遭受污染的面膜外表虽然可能没有发霉现象，却可能产生异味，敷到脸上容易过敏，如果是敏感性肌肤的使用者，更可能发红溃烂，因此一定要慎选面膜来源。

藏起来的美丽世界：充填封装制作

不过一张像脸一样大的面膜是如何折平放入袋内，又是如何填充精华液的呢？这又是制作当中的一个大学问。早期面膜的折叠与放入，采用人工的方式一片一片折叠放入，可想而知其中可能会造成污染以及人力成本的耗费。如果工作环境又无法保持无尘，面膜效用一定会大打折扣。

现今因为科技的进步，许多业者采用自动化生产面膜装置并放入铝袋中，对于生产器具以及环境安全严格控管，杜绝落尘污染，尽管设备昂贵，却是为消费者健康安全必定要投下的成本。特别是以生物培植制成的生物纤维面膜，更需要管控微生物的生长，否则可能生成霉菌。

当机器将面膜纸折叠入袋后，会将铝袋拉开，填入约 25 克的精华液，再以加热加压的方式封口，一片面膜的制作宣告完工。

别再让面膜纸伤痕累累

保养品首重卫生，面膜也一样，于是当面膜从铝袋拿出的那一刻起就可能会因为跟空气、手指接触而受到污染，面膜还没放到脸上就已经布满脏污。另外吸收饱满精华液的纸张又湿又重，如果没有较硬的膜作为底衬，便会在包装内成为一团皱褶，拿出使用前还需摊平，也失去了面贴式面膜便利快速的意义。

早期的面膜纸材无法与脸部服帖，于是利用裁切线的方式左剪一刀、右切一线，使面膜可以平贴于脸上，但是其实这样的方式反而造成精华液分布不均，加上每个人的脸型不尽相同，更可能造成面膜歪掉的窘况，于是在不断研发测试的过程中，精进纸材的制作改善了服帖度，再也不需要裁切线便能让面膜紧贴脸部。

面膜业者像是一位服装设计师

顺着纸张纵向与横向的延展性，细心斟酌每一片面膜的刀模；精华液则是面膜纸上最重要且华丽的纹路点缀，不同纸张因应精华液的差异更换剪裁方式，只为展现量身订做的功能面膜，而其中的秘诀唯有设计师能够掌握，并经历无数调整测试，将服帖的面膜送到消费者手中，体验舒适的保养时光。

面膜业者又像是时尚秀导，找出每张面膜的特点，让它在舞台上发光发亮，例如最近常见的耳挂式面膜、拉小脸面膜，或是局部的面膜如额头面膜、眼罩面膜、双颊面膜、下巴面膜，以及我们拥有专利的蝴蝶膜，在在展现独特的功效，为每一吋肌肤滋养，成为秀场上的焦点。由研发、选纸、设计、制造，每个过程无不小心翼翼，将所有精华融入面膜之中，才能成为蒙“面”高手，打造顶级名“膜”。

KC面膜教父这样说

超快速 DIY，自制天然素材面膜

绿豆粉面膜

消炎止痘，美白肌肤，去除角质

做法：取适量绿豆粉加水调成糊状，平均涂抹于脸上，无须等候全干，大约静置 10 分钟后，轻轻搓揉洗净，就像在使用磨砂膏一样，利用绿豆粉颗粒在脸上搓揉的同时去除角质，适合一周一次或两周一次使用。

燕麦片面膜

舒缓红肿功效，适合干性或敏感性肌肤使用

做法：将燕麦片用热水泡开成糊状，加入些许冷水稀释，接着将燕麦片平摊于纱布或透气性佳的干净棉布敷于脸上，静待10 ~ 15 分钟，洗净即可。

蜂蜜蛋白膜冬天防止皮肤龟裂

做法：将一个新鲜鸡蛋与一茶匙的蜂蜜均匀混合，再用干净软刷涂在脸部，等待一段时间干燥之后，再以清水洗净，还能够用水稀释后搓手，每周约进行两次保养即可。

海藻面膜打造水亮肌肤

做法：将 1/3 匙海藻粉和 1 匙甘油放入矿泉水中搅拌，接着用化妆棉

除了采用科学技术制成的面膜，其实从以前到现在仍有不少人尝试天然素材 DIY，依照不同素材的特性自制面膜，坊间也有许多小偏方提供参考，最常使用小黄瓜、牛奶、鸡蛋等等素材，不过因为天然素材中的成分可能会刺激肌肤，敏感性肌肤的人要小心使用。

蘸取后轻拍于脸部，涂匀之后静待 20 分钟，用温水洗净。海藻粉能保湿、修复粗糙的皮肤。

香蕉酸奶面膜淡化斑点，延缓肌肤老化

做法：准备半根香蕉捣烂成泥状，接着加入适量酸奶，调成糊状之后敷在脸上，保持 15 ~ 20 分钟后洗净，不仅能够使皮肤清爽，更能除去脸部细微的痤疮与斑。

牛奶黄瓜面膜清凉镇静，舒缓晒后肌肤

做法：将小黄瓜打成汁后，加入约 250CC 的牛奶，拌匀之后敷于脸部，20 ~ 30 分钟后用清水洗去。或是将小黄瓜洗净切薄片，直接贴于脸部，具有润肤的效果，不过敏感性肌肤要小心使用，因为角质层较薄会降低皮肤的抵抗力，可能造成伤害。

红酒面膜润肤美白，展现醉人肤质

做法：红酒被称为“美容圣品”，只要将面膜纸浸泡在红酒之中，再敷于脸上即可，不过可想而知其中耗费的成本相当高昂。天然的红酒，在酒精作用下可扩张血管，改善皮肤微循环和加快皮肤代谢，使皮肤红润，只是敏感性肌肤及酒精过敏者皆不适用，以免过敏发炎。

面膜会说话：美白成分大剖析

美白是东方女性最为着重的皮肤要点，除了平时的防晒工作之外，对于晒后肌肤的镇定以及美白保养品的使用更是不可少，于是对于美白成分的关注度逐渐升高，希望找出最有效且无害的美白因子。

维生素 C（Vitamin C；Ascorbic acid）

属于水溶性的维生素 C，又名“抗坏血酸”，是一项安全且有效的美白剂。除了成分本身没有毒性之外，对于抵抗黑色素的作用也较其他美白作用温和，敷在脸上会渗透到深层肌肤，淡化色素影响。但是维生素 C 容易因接触外界环境而变质，所以打开面膜后最好尽快使用。

熊果素（Arbutin）

亲水性的熊果素是最近常用的美白成分，与维生素 C 一样具有抑制及破坏黑色素生成的效用。另外熊果素内含有葡萄糖，对于皮肤的刺激性较小。只是长期使用，仍会对敏感性肌肤造成影响。

曲酸（Kojic acid）

米曲菌是曲酸的来源，本身便具有抗菌性，可抑制微生物滋生，促进角质代谢。不过如果是标榜以曲酸为美白主要成分的面膜，对酸性过敏的肤质就不宜使用，以避免脸部受到损伤。

桑葚萃取（Mulberry bark extract）

桑葚萃取又称为“桑果萃取”、“桑皮白”、“桑枝”等。顾名思义，主要萃取自白桑葚的枝干，是较为天然的成分，亦能够妥善抑制黑色素生成，安全性高，更减少过敏性皮肤对酸性制品的负担。

美拉白（Melawhite）

美拉白是近年较流行的美白成分，合成的美拉白中含有氨基酸单体，减缓体内酵素活化，黑色素自然难以形成，达到美白的效果。

甘草萃取（Licorice extract）

甘草具有解毒消炎效用，经过研究已经证实可以促进细胞修复；而其中所含之黄酮类成分，能够抑制酪胺酸酵素的作用，达到美白效果，只是效果相较其他美白成分缓慢。

胎盘素（Placenta）

胎盘素适合老化缺水性肌肤，不但能够美白，更可促进细胞的再生功能，改善肤质。又因为胎盘素为一项复杂的生化萃取物，含有氨基酸群、酵素、激素等物质，形成广泛作用。

果酸

果酸能够去除角质，加快表皮层的新陈代谢，因此产生美白的效用。

面膜会说话：保湿成分大剖析

近七成的女性最想保持美白水嫩的肌肤，现今的保养之道更是力求从基础清洁保养达到成果。首先必须了解自身的肤质与身体状况，再针对需要改善的部分对症下药，不同季节更有不同的保养方式。因此在瓶瓶罐罐之中，要一再思量肌肤需要的保养品并非又贵又多就是好，如果能够注意保养细节，自然能够维持皮肤光泽，像油性保养品容易造成黏腻，且容易过敏，所以尽量减少使用的量；在炎热干燥的天气中，随时准备一罐保湿喷雾，让脸上能够充分清爽，不仅自己的心情变好了，也能散发美丽气息。

保湿成分的品质与效果有所差别，有些成分仅是单纯的保湿，有些却在保湿之余还能达到护肤的效果，让脸部肌肤保持水润，依成分不同可分为多元醇类、天然保湿因子以及高分子生化类。

多元醇类

目前常见的多元醇类有聚乙二醇、木糖醇、山梨醇等等，还有俗称“甘油”的丙三醇，甘油中的补水保湿成分能够使细胞活跃，也能够加速新陈代谢，将老化的细胞排除，进而活化肌肤，但是由于甘油属于醇类，组成与酒精类似，因此会带走皮肤水分，干性或是敏感性肌肤的人要小心使用，否则比例过高，皮肤会产生灼热感。

天然保湿因子

皮肤要有舒适感，表皮角质层的含水量应在 10% 以上，如果出现水润感，含水量要达到 30% 以上，而天然保湿因子指的是皮肤角质层原有的保湿成分，因此并非单一成分，但能够与皮肤切合，调节皮肤酸碱值，主要含有氨基酸、PCA、乳酸纳酸、尿素等等。

氨基酸类

珍贵的氨基酸具有缓和皮肤伤害的基本功效，而且拥有保湿与护肤的双重效果。由于氨基酸是组成蛋白质的基本成分，所以植物蛋白、动物蛋白、水解蛋白等等亦可作为保湿剂，只是这些保湿剂的来源成本高昂，加上蛋白质的保存不易，容易受环境影响酸化而难以维持新鲜度，保湿的效果也不如多元醇类及天然保湿因子，因此不建议使用。

高分子生化类

市面上强调高保湿的产品就是来自高分子生化类。其中又以胶原蛋白和玻尿酸最为人知，但胶原蛋白本身为大分子，皮肤无法吸收，也无法护肤，因此现在使用水解性的胶原蛋白，分子较小，能够渗入皮肤产生保湿效用，使肌肤变得更有弹性，不过因为胶原蛋白来自动物萃取，价格高昂，也较不环保。玻尿酸的吸水性强，亦有长时间的保水能力，使肌肤充满水分，自然拥有水嫩弹性，除了用于保养品之外，更是医美爱用的成分之一。

面膜会说话：抗老成分大剖析

随着年龄增长，皮肤老化是必然的趋势，但细纹、斑点、暗沉等肌肤问题层出不穷，时常让爱美人士无法接受。而皮肤老化不仅是因为年龄，亦可能来自生活、工作压力的催使，于是抗老化的保养品随之而起，其目的除了延缓肌肤老化，更保持肌肤的原貌，展现各年龄层的动人美貌！

果酸

果酸的主要作用是去除老废角质，果酸浓度以及面膜的酸碱度则影响其去除效果。高浓度果酸能够深层去角质，酸度在 PH3 ~ PH4 之间，展现近似换肤的效果，但刺激性也较大，肤质较差或是对酸性过敏的皮肤并不适用。另外还有被称为“柔肤酸”的水杨酸，负责处理老废角质，同时清洁毛孔中堆积的粉刺污垢，洁净后的肌肤较为透明光泽。

酵素

酵素近年广泛使用于美容保养，不但能够由人工培植后萃取，也可以由天然菌种发酵淬炼而成，主要和果酸一样能够促进角质代谢，却没有果酸的刺激感，以及浓度、酸度的考虑，使用上较为温和，也不易伤害肌肤，同样能彰显抗老化的效果，较为细致的肌肤也能斟酌使用。

胎盘素

胎盘素是动物胎盘中所抽取的成分，含有多种维生素、核酸、蛋白质、酵素与矿物质等，能够活化细胞，改善皮肤老化。除了保养品，也有人通过吃胎盘素保持美丽，但是因为胎盘素必须取自活动物胎盘，许多动物保护人士数度抨击胎盘素的使用十分不人道，因此希望各位读者在爱美时也要审视保养品成分是否危害其他生物或环境。

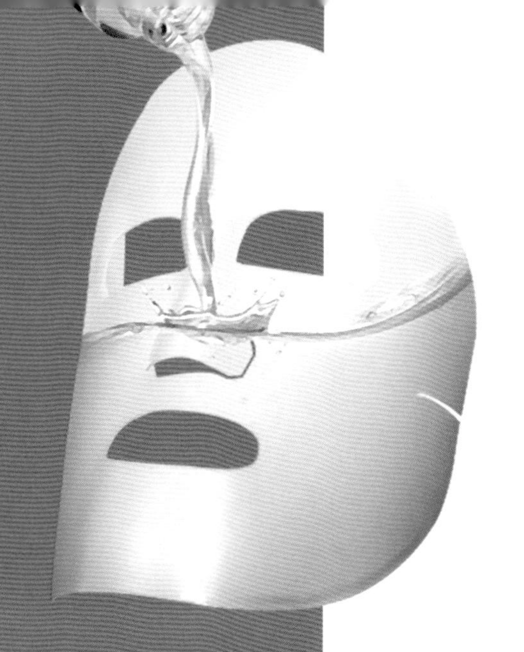

维生素群

维生素应用于各种保养品之中，每种维生素的效用不尽相同，却都是身体必备的元素，可作为营养、理疗成分及抗氧化剂，除了通过提炼制造，也可以由环境、食物等天然方式摄取。

维生素分为“脂溶性”与“水溶性”，脂溶性维生素不易溶于水中，可储存于人体之中；水溶性维生素则会排出人体，仅有少量储存于体内。其中脂溶性维生素又以A、D、E三种常用于肌肤保养。当人体缺乏维生素A，皮肤便会干燥且产生皮屑，而维生素A的功能在于增生胶原蛋白与弹力纤维，使得肌肤紧致有弹性；维生素D则能够改善湿疹、干燥皮肤；维生素E由身体内部向外修护，中和自由基以保护肌肤，延缓皮肤衰老，促进皮肤血管循环，保有活力生机。

水溶性维生素则以维生素C用于化妆品为多，同样能够抵挡紫外线的侵害，避免黑斑生成，也同样能增生胶原蛋白，展现肌肤弹性。另外维生素B群能提升细胞活性，并辅助氨基酸、蛋白质、碳水化合物的代谢，活化身体机能，皮肤气色自然也更加优质。

面膜会说话：保养成分大剖析

保养成分被称作“活性成分”，也就是保养品中的功效性成分，更是消费者选择面膜产品时优先考虑的方面。不同效用所使用的精华液内料配方不同，比例也有所差异，像杏仁酸、传明酸、玻尿酸等，都是耳熟能详的成分，不少消费者更对每项营养成分与功效的搭配如数家珍。这些成分除了来自天然原料的提炼，也能够利用技术调配，愈多功效的活性成分与价格更是息息相关，挑选时务必睁大眼睛注意成分及比例的标示，掌握自己的美丽关键喔。

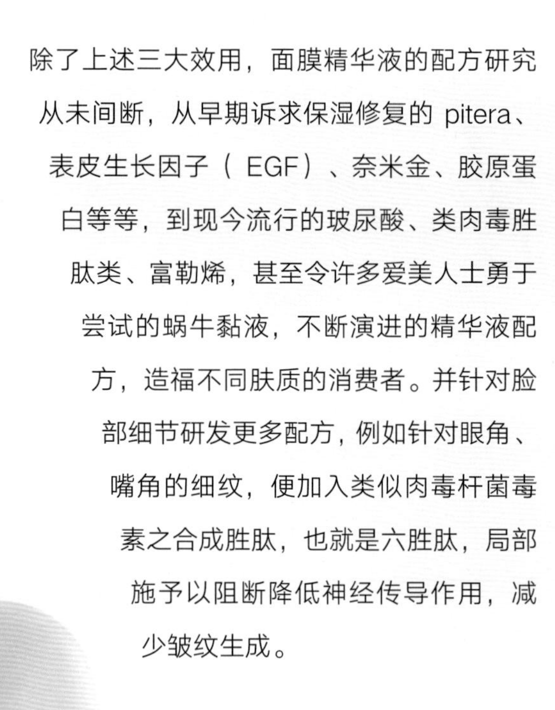

除了上述三大效用，面膜精华液的配方研究从未间断，从早期诉求保湿修复的 pitera、表皮生长因子（EGF）、奈米金、胶原蛋白等等，到现今流行的玻尿酸、类肉毒胜肽类、富勒烯，甚至令许多爱美人士勇于尝试的蜗牛黏液，不断演进的精华液配方，造福不同肤质的消费者。并针对脸部细节研发更多配方，例如针对眼角、嘴角的细纹，便加入类似肉毒杆菌毒素之合成胜肽，也就是六胜肽，局部施予以阻断降低神经传导作用，减少皱纹生成。

胜肽（peptide）在希腊文中有“消化”的意思，它的大小介于氨基酸与蛋白质，由必需氨基酸结合而成的天然物质，亦是人体最重要的“直接营养素”。因为分子只有奈米大小，人类的肠胃、血管及肌肤能够快速吸收，更能够承载钙质与其他有益身体的微量元素。不同数字的胜肽表示不同数量的组成，例如三胜肽就是三个氨基酸，五胜肽就是五个氨基酸，但即便数字相同的胜肽，也会因为排列组合的不同而造成功能性有所差异；而数字变大并不表示功能愈好，反而可能因为过多的胜肽造成无法渗透肌肤底层，一般而言，十胜肽以内都能发挥良好效用，例如四胜肽能够抗发炎，增强肌肤对于外界污染的抵抗力；五胜肽则有刺激胶原蛋白增生，紧实肌肤之效用；九胜肽有助于减少黑色素形成，是美白的一大法宝。

而为了改善暗沉的肤色，便应用传明酸或左旋维生素 C 等等精华配方抑制黑色素形成，晒后的肌肤则透过玻尿酸或海藻胶等高分子保水成分或是尿囊素等修护成分，藉以镇定、舒缓皮肤的不适感。玻尿酸、胶原蛋白等成分更同时有保湿、抗老的效果，让保养肌肤有更多的选择，而面膜的出现则是糅合这些精华，调和各肤质问题所需的修复比例，浓缩在面膜之中，免去瓶瓶罐罐繁复的护肤过程，就能够拥有美丽肌肤。

面膜正确用法完整公开

虽然现今敷面膜的风潮十分兴盛，但还是有不少人没办法掌握敷面膜的诀窍，还没将面膜敷到脸，手上就已经黏答答；敷到脸上后又无法对准五官，不仅面膜满布皱褶，精华液更沾黏头发，非常不舒服。面贴式面膜的好处之一在于简便使用，只要跟着步骤敷面膜，一定能够轻松上手！

洗净脸部

面膜分为清洁式面膜及保养式面膜，耳熟能详的清洁式面膜如除去黑头粉刺的鼻贴、泥状的洁肤面膜等等；保养式面膜则是以面贴式面膜为主，一片面膜就能除去脸部疲惫，舒缓镇定肌肤。但无论是清洁式面膜或是保养式面膜，使用之前都需要清洁肌肤，不过不需要使用强力的洗净用品，避免皮肤受到伤害。因为保养式面膜会藉由面膜与肌肤接触时，将精华液导入毛孔当中，藉以深层养护肌肤，因此建议利用温水清洁脸部，使毛孔张开，再用双手针对较容易囤积污垢的鼻翼、额头、下巴等处进行搓揉，洗去污垢。不要使用冰水或热水，因为冰水的低温会使毛孔收缩，污垢反而包覆于皮肤之中；反之，热水的高温非但不会让毛孔顺利张开，更有可能使皮肤损伤。所以要特别注意水温，以及选用适当的清洁用品。

取出面膜

洗完脸之后，用干净的纸巾或毛巾擦去脸上多余的水分，维持湿润即可，手部也需要保持干净。建议在敷面膜前可以稍微按摩肌肤，让毛孔完全张开，接着拿出面膜将铝袋撕开；质量优良的面膜会注入适当的精华液，因此一打开铝袋时能够看见折叠工整且布满精华液的面膜。接着将面膜自铝袋中拿出，可以发现除了面膜之外，还有一层白色珠光膜，不过先别急着将它撕掉，因为它能够固定已经吸饱精华的面膜；如果贸然将珠光膜撕开，面膜便会因为太重而皱成一团，在此将它摊开不仅需要不少时间，更会污染面膜，也会让水分滴得到处都是。

敷上面膜

该怎么敷面膜才能既方便又快速呢？首先把面膜敷贴于全脸，将额头部分的白色珠光纸撕下至脸中一半，先调整额头部分，接着再整理鼻翼两侧，将它对齐于脸上，并使其服帖于脸部，让眼睛露出，延展性及服帖性的面膜并不会随着面膜拉扯而轻易移动，所以很快能够贴平上半部的面膜。调整完面膜位置后，再将下半部的珠光膜移除，微调下半脸的面膜。贴完面膜后，手上与铝袋内的精华液可以用来涂抹于脖子或是手肘、膝盖等粗糙的皮肤上，不浪费任何一滴精华。

取下面膜，轻拍脸部

其实透过敷面膜也能够检验皮肤的营养状况。同样的空间之中，同样的面膜，有的人面膜长达一个小时还能维持湿润，有人却是在 20 分钟就已经渐渐干燥，时间愈久表示皮肤的水分不足，因为面膜会将皮肤中的水分带走，反而对于皮肤没有好处，因此建议静待 15 ~ 20 分钟后将面膜取下，否则肌肤可能因为封闭太久无法正常呼吸，反而吸取脸上的水分，使缺水问题更加严重。

取下面膜后可以感觉皮肤有紧实的感觉，轻拍脸部，使精华液完整吸收于肌肤中。面膜的精华液对皮肤有一定好处，但过犹不及，过多的精华液对肌肤可能造成负担，甚至阻塞毛孔，因此建议敷完面膜后，等待约 30 分钟之后以清水洗脸，稍微清洗脸部，再依个人肤质选定温和轻质的保养品轻拍脸部，让面膜达到保湿锁水的最大功效。

敷完面膜后

敷完面膜后除了可以轻拍脸部，让脸部吸收保养品，也可以使用时空胶囊减少脸部与颈部细纹。正如其名，时空胶囊有效修护肌肤，改善脸部肌肤的粗糙和暗沉，让肌肤光滑柔嫩，不让岁月在脸上留下痕迹。

不含防腐剂的时空胶囊富含分子钉、维生素 E&F 及时空分子钉。输送最精纯、有效的护肤成分至肌肤深层，帮助肌肤抵抗游离基、加强补湿、预防老化现象，使皮肤柔软细致。

用法十分简单，只要在贴完面膜 10 分钟后，用手轻轻旋转胶囊的突出部位，胶囊口就破开了，这时用手指取少许精华分别涂抹在脸部并加以轻轻按摩至吸收就可以了。

每晚只需一粒，持续使用 7 天，可以明显地减少脸部皱纹，同时能够改善肤质，让肌肤看起来更年轻与柔嫩。

KC 面膜教父这样说

CHAPTER 4

解密
面膜大小事

使用面膜后过敏怎么办？

用完面膜之后，保养还不算大功告成，因为每个人的肤质不尽相同，对于面膜纸材及精华液可能会产生各种不同的反应，因此痛、红痒甚至过敏现象都有可能产生，只要了解这些症状产生的原因，就能够排除不适感。

痛：就像将生理食盐水洒在伤口上的刺痛感觉，当面膜敷上脸之后，如果有痛感，表示脸部肌肤严重缺水，或是过于干燥而龟裂产生刺痛，此时必须停用面膜及乳霜类保养品，避免再度刺激伤口。洗脸的时候须使用温水，让脸部保持湿润，让伤口尽快复原后再行使用面膜，亦可采用轻油性保湿产品来补水。

红痒：敷面膜会加速皮肤的新陈代谢，于是敏感性肌肤便会泛红，属于正常现象；但因为敏感性肌肤较为脆弱，建议还是先停用产品，并以冰毛巾敷脸 10 ~ 20 分钟，等到皮肤恢复正常就能继续使用。也有许多人的眼睛周遭会有红痒现象，极有可能是因为面膜太靠近眼睑，加上眼睑皮肤较薄所致，只要在敷面膜时尽量避开眼部即可。

痘痘：痘痘的产生分为两种情况，一种在表皮之下，一种是表皮之上。原因可能是卸妆后没有完全清洁或是正好有痘痘在酝酿生长，因此当痘痘吸收面膜营养后，便趁成熟冒出，属于正常现象，此时敷完面膜后的清洁便十分重要，不让过多的精华液堵塞毛孔生成痘痘。另一方面也有可能是因为皮肤对于该面膜成分过敏，建议停用几天再行使用。

何时是敷脸的最佳时机?

以上班族的日常生活为例，由早上出门待在办公室一整天，最后回到家中，期间脸部会接收污染空气，办公室内的灰尘，脸上也会涂上彩妆品，因此回家卸妆洗脸后便是敷面膜的最佳时机，让精华能够有效吸收，一次则以 15 ~ 20 分钟为主；如果是外出旅行，在结束一天的行程后，面膜更是舒缓皮肤的好伙伴。

面膜可以天天敷吗?

保养品可以天天擦，面膜也可以天天敷，不过面膜又称为“强迫性的保养”，因此一定要慎选面膜，有些纸材质地较为柔软、吸水性高，敷在脸上就像隐形一般，让毛孔自由呼吸，自然不会对皮肤造成负担，可以天天使用。另外也要考虑其中精华液的成分，果酸及水杨酸为抗老成分，但因为有一定的酸度，便不适合经常使用，可利用低浓度的维生素 C 替代，性质温和，也不伤害皮肤。如果是泥状面膜、撕剥型面膜，因为对皮肤刺激过大，一周一次或甚至两周一次即可，让皮肤自然休养，展现原生活力!

麦饭石泥膜有多好？

麦饭石是中生代末期至新生代初（7000 ~ 5000 万年前），经过火山活动喷发溶解后又经长时间形成，因为外貌似于麦饭颗粒，故称之为“麦饭石”。台湾花莲奇美乡秀姑峦溪河床蕴藏着丰富的麦饭石矿产，只是近年来已列为保护区，禁止矿采、捡拾。

麦饭石是一种天然的药物矿石，含有人体所必需的 18 种微量元素，如钾、钠、钙、镁、磷常量元素和锌、铁、硒、铜、锶、碘、氟、偏硅酸等。中国明代时期中医药学大师李时珍所著《本草纲目》曾记载麦饭石的作用: 麦饭石性温，无毒，对冻疮、溃疡等有极佳疗效。所以一直作为药石加以使用。

在中国传统医学中，麦饭石可以治疗皮肤病、肿胀、皮肤外伤者，吸附如氯、三甲烷、细菌等多种有毒物质；它还能释放出红外线，分解水分子，使皮肤更易吸收，亦有保湿，提供热量，消炎祛痘以及清除毒素的功效。当麦饭石投入水中时，可以防止水腐败，优化水质、抑制细菌，调整水质达到安全性。

长痘痘可以敷面膜吗?

冒发痘痘的因素非常多，从表面毛孔堵塞到身体循环问题都可能导致，如果痘痘呈现流脓发炎却尚未破裂的状态，刺激性大的面膜绝对不能使用，否则会延迟痘痘的复原，该处的皮肤也会受伤。面贴式面膜则只要注意其中的成分，直接贴上并不会影响痘痘状况，更能够舒缓周围的肌肤。

不同功效的面膜能够交换使用吗？

脸部问题何其多，有些人希望美白又想要保湿，这些不同功效的面膜可以逐天更换交替使用，只是敏感性肌肤在更换保养面膜时或多或少会出现过敏红肿现象，要特别注意。

敷面膜需要洗脸或保养吗？

无论使用清洁性面膜或是保养性面膜，清洗脸部都是必要的过程，因为脸部与空气频繁接触，自然会附着尘埃，如果有涂抹画彩妆用品也一定会残留，面膜无法越过这些物质修护皮肤，因此敷面膜前一定要先用温水洗脸，让毛细孔张开，才能够增加面膜精华液的吸收程度，提高面膜的效果。

敷完面膜的脸上残留有精华液，可先轻拍脸部使其吸收，约 30 分钟等待精华液吸收后，再以清水洗去吸收不完的营养即可，因为过多的养分反而会造成毛孔阻塞。洗完脸后也可以再使用温和的乳液、收敛水，否则肌肤有可能回复原本的干燥状态，使面膜效果大打折扣。

面膜该如何保存呢?

面膜内的营养分子，如胶原蛋白、胜肽等等容易受温度影响而变质，所以多合层的铝袋即是防止高温曝晒的一大利器，尽量让面膜在常温下保存；另外也可以将面膜冷藏在 5 ~ 10 度之间延缓营养的运作，拉长面膜的保存期限。打开后的面膜也能再重新密封后放入冷藏区保存，不过因为精华液接触空气便会加速反应，因此建议面膜打开半小时内要使用完毕，才能发挥最大效用。

使用完面膜后，皮肤居然会脱皮?

面膜属于强迫式的保养，促进皮肤新陈代谢，排除异物，因此如果敷面膜之前曾经使用功效型的保养品，就可能出现脱皮现象；不常敷面膜的人也可能因为面膜帮助褪去脸上过多角质而出现脱皮，因此这并非坏事，反而能够除去累积的不好物质。此时只要以清水洗脸，再视肤质不同涂抹保养品即可。（不过要审慎检查保养品是否安全，避免脸部问题更加严重。）如果脱皮现象持续过久，也有可能是面膜本身出现了问题，请携带面膜以及平时使用的美容用品，求助皮肤科或是专业人士进行皮肤检查。

男生可以敷面膜吗？

当然可以。脸部问题不在男女，而在于肤质的差异，男生的肤质较偏向油性，因此控油保湿十分重要，才不会让肤质过于粗糙。只是市面上面膜尺寸不尽相同，对于想敷面膜的男生产生不少困扰，因此渐渐因应个人脸型设计不同尺寸、男女款的面膜，以满足每一位消费者的面膜需求。

面膜价格差异如此大，实质上到底有什么差异呢？

市面上面膜的价格差异甚大，其实差异在于其中纸材选择以及精华液的选用，所以还是需要一定的成本，过于便宜的面膜没有办法加入有效成分，更可能仅以化学原料充数，并以香精味道遮掩瑕疵，一打开铝袋就会有刺鼻的化学味，更别提敷到脸上对于皮肤的影响，所以切勿因小失大，最后到皮肤科报到。

KC 面膜教父走向国际市场

KC 面膜教父国际市场足迹

2004 年推出轻薄、服帖、透明、专业面膜纸

2005 年打入东南亚市场推广羽翼丝光膜

2006 年进军中国市场推广羽翼丝光膜

2007 年第一家进入欧洲市场的面膜厂商

2007 年上海成立公司推广“轻薄服帖透明”羽翼丝光膜

2007 年香港国际化妆品展推出“魔法膜法”隐形面膜

2009 年进入美国与日本市场

2011 年广州成立公司推广“轻薄服帖透明”蚕丝面膜

2015 年德国设立公司与各国生技厂商研发制造新式产品

2015 年新加坡医美生技演讲《身、心、灵、美丽与健康》

2015 年设计全球首创唯一有尺寸的面膜

2016 年女神节北京演讲《美丽与健康》

2016 年新疆五家渠生技观光园区

2017 年文莱面膜生技观光园区

2016 女神节北京演讲（内容撷取）

孕妇使用保养品应注意的事项

当肚中拥有小生命，许多妈妈开始不穿高跟鞋，身穿轻便衣服，不化浓妆，减少化学制品的使用，这一切的付出为的就是让孩子有更健康的成长环境。但是辛苦的妈妈们在怀孕期间还是要维持保养习惯，除了通过缓和的运动，例如瑜珈或是慢跑维持体力与体态（请注意，当运动过程中出现身体不适时，千万要停止并且咨询医师，并不是每一位女性都适合在怀孕期间运动，严重的可能会出现出血或流产的遗憾状况），或多或少还是需要化妆以及皮肤的保养，此时保养品的选择非常重要，千万别让它们成为隐形杀手。

A 酸

A 酸常用于痘痘问题的治疗，在医师的用药之下，A 酸能让肌肤变得平滑有光泽。但是用于孕妇身上可能导致刺激、过敏、光毒性，甚至胚胎基因突变，让畸形儿的几率提高。曾有孕妇因长痘痘，使用了含 A 酸的药物，结果 16 周透过超音波检查，才发现孩子竟然是无脑儿。

擦拭皮肤用的 A 酸造成胎儿问题或许是个案，但口服的 A 酸（oral retinoids, isotretinoin, accutane），孕妇绝对禁用，因为医学已经证实口服 A 酸对胎儿有害。不能够因为怀孕前没出现问题，在怀孕后继续使用，一般常见的口服 A 酸多数用于治疗痤疮及粉刺（acne），使用前还是要经过医生的确认才能确保安全。也奉劝关心小宝贝的妈妈们能够保持心情放松，维持一定的睡眠时间，也藉此降低皮肤产生痘痘的问题，自然就不用借助药物的治疗了。

水杨酸

一般在去角质时可能会使用较大量的水杨酸，而且同时皮肤的吸收量会提高，所以应避免含水杨酸的去角质产品。因为大量使用水杨酸，可能会造成怀孕初期出血、胎盘剥离；怀孕后期则可能造成动脉导管阻塞。

在洗脸等一般状况下，所接触的水杨酸不超过 2%，一天使用一到两次，不至于对胎儿造成伤害。不过水杨酸属于阿司匹林的一种，虽然在孕前、中期使用被认为是安全的，不过怀孕后期建议避免使用。

不只是保养品，食物内也含有水杨酸盐如杏仁、咖啡、青甜椒、黄瓜、李子和李子干、葡萄和葡萄干、橙子、所有莓子类、桃、茶、樱桃、橘子、蕃茄、丁香等，还有浓缩的果汁也被建议适量摄取（内含香料、食用色素、防腐剂、自然水杨酸蔬果萃取汁等）。由于儿童血液中蛋白浓度相对成人较低，因此水杨酸可能导致 3 岁以下儿童的自闭现象。

肉桂、麝香

肉桂在调味、饮品、保养品中都是不可或缺的元素，亦是非常强劲的抗菌剂，能够升高体温、减轻感冒症状，抵抗病毒感染和预防疾病传染，对全身有紧实的效果。因此在冬季来一杯暖呼呼的肉桂茶、肉桂咖啡总能够阻挡寒气的侵袭。

肉桂同时也是精油原料中的常用原料之一。而肉桂精油中的主要成分为桂皮醛（Cinnamic aldehyde），占 85%，是促使肉桂得以镇静、镇痛和解热的有效成分，亦具有温和的收敛效果。但因为容易刺激皮肤，不可大量使用，剂量太多时也会造成痉挛现象，虽然并非直接伤害胎儿，但怀孕期间因为体力与肌力大不如前，孕妇应避免使用，以免造成危险。

除了肉桂外，麝香会引起子宫收缩，对于子宫及中枢神经都有较为强烈的作用。其他如紫苏、迷迭香、薄荷、玫瑰、薰衣草等等，也有可能造成子宫收缩及出血现象，因此精油按摩前也要小心使用。

塑化剂

塑化剂是一种环境荷尔蒙，有干扰男性及女性荷尔蒙的作用。而邻苯二甲酸盐主要作为塑化剂使用，研究指出，孕妇尿液中的邻苯二甲酸盐浓度越高，男宝宝出生后生殖器官先天性异常的比例越高，因为邻苯二甲酸盐会使男性血液中的雄性激素减少，产生男宝宝生殖器官到肛门的部位变短的女性化特征，未来更可能影响男性精子制造，造成不孕问题。

塑化剂也常用于保养、彩妆用品的定香剂，因此女性常用的指甲油，或是散发香味的的化妆品、保养品甚至是清洁用品，在怀孕期间尽量减少使用，避免塑化剂残留于皮肤之上。

苯甲酸酯类（防腐剂）

苯甲酸酯类又叫做“羟基苯甲酸酯”（Paraben），主要作为防腐剂使用，对于细菌、酵母菌及霉菌都有广泛的抑制效果。因为价格便宜、无色、无味、毒性低，加上抗菌力佳，常用于化妆品、保养品的防腐剂成分。

不过因为 Paraben 会造成性早熟现象，亦会模拟雌激素活动，有诱发乳癌的可能性。因此从丹麦开始宣布禁止 Paraben 成分及其部分衍生物，其中丹麦禁止 3 岁以下婴儿用品使用 Propylparaben（对羟基苯甲酸丙酯、羟苯丙酯）及 Butylparaben（对羟基苯甲酸丁酯、羟苯丁酯），在购买沐浴、洗发用品前，不妨再次检查成分内容，是否出现这些化学物质，以确保皮肤安全。

苯氧乙醇（防腐剂）

苯氧乙醇（Phenoxyethanol）常作为护肤霜与防晒霜的防腐剂，或是香水的固定剂，美国食物及药物管理局（FDA）指出，Phenoxyethanol 可能会抑制中枢神经系统，进而导致呕吐和腹泻。有部分动物测试也显示 Phenoxyethanol 的毒性可能引发致脑部和神经系统受损，可能会造成宝宝染色体转变、基因变种、睾丸萎缩。

什么是奈米?

奈米技术日新月异，从早期科技产品的运用，造福许多用者的需求，现在奈米技术更实际应用在各项美妆品上。但是冠上“奈米”的产品就一定对人体有益吗？

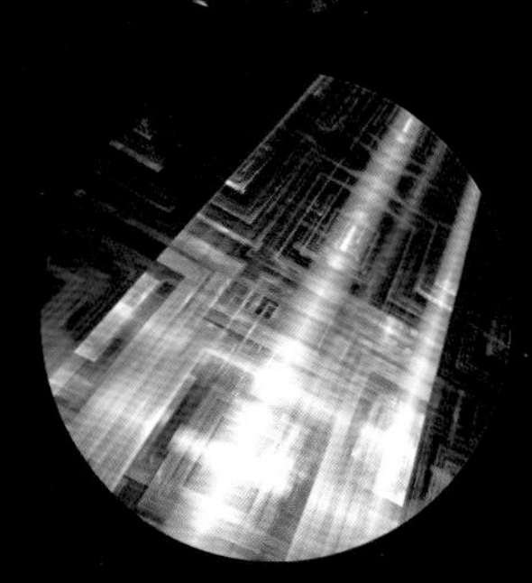

首先，我们应该先认识什么是奈米。

奈米，不是一种米，而是长度的单位之一，指 1 米的十亿分之一（10^{-9} m）。一直从米、毫米、微米，长度一直缩小，直到奈米，细微的程度可想而知。

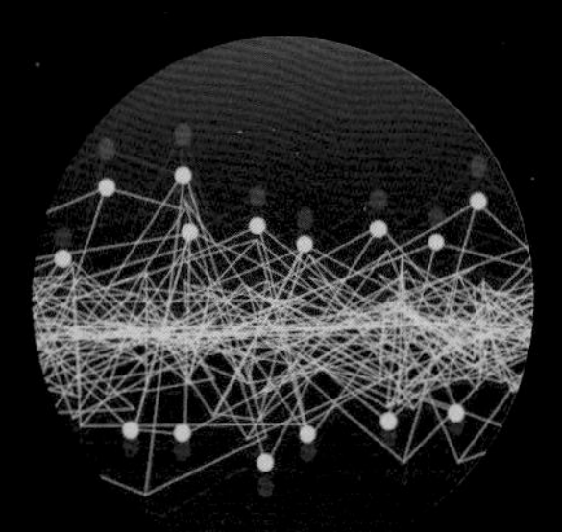

比水珠大小还细小的长度能阻挡水珠的渗入，奈米最为人所知的便是莲花效应，奈米级的荷叶孔就像是一张缜密的网，接住了每一颗水珠，让它们保持大分子状态，不轻易分解，所以每当雨后，荷叶上总是盛装一瓢水的原因在此。

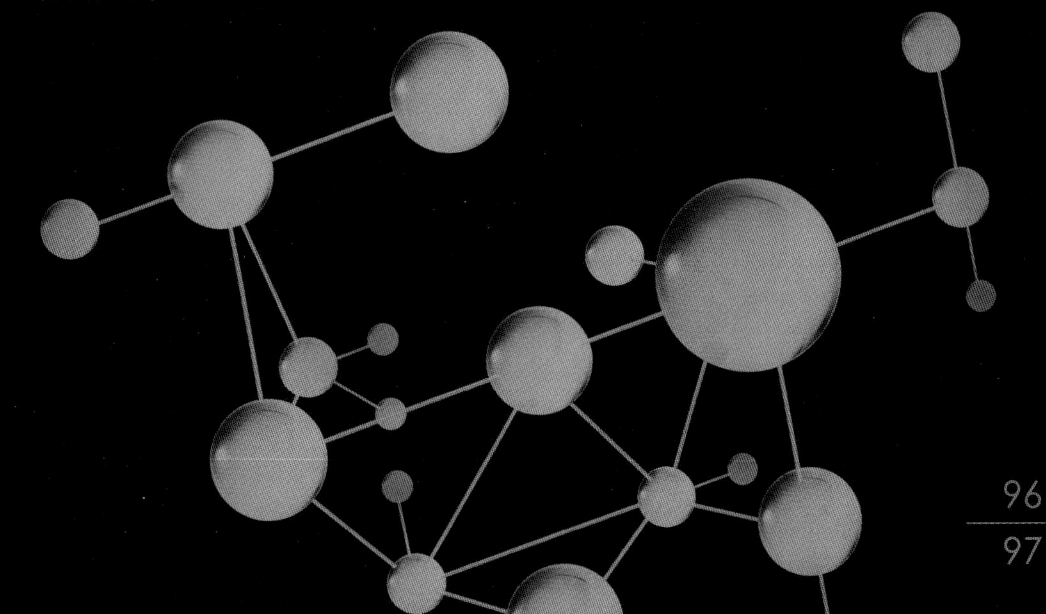

微脂体——美丽装载神器

奈米级保养品的概念十分简单，即是将一般保养品内的成分奈米化，让奈米大小的成分能够顺利被皮肤吸收，但技术却不简单，光是将成分奈米化的研究就让业者苦恼许久。一般化妆品因为颗粒较大加上组成复杂，就算均匀涂抹，能够渗入皮肤内的有效成分不到实际的万分之一，成效也因此大打折扣，因此有业者利用微脂体提高保养品功效。

微脂体（Liposome）是利用由脂质双层膜（lipid bilayer）所组成的微小球体，直径仅 80 ~ 100 奈米的奈米粒子，就像是非常细小的胶囊，内部可填入维生素 A、beta 胡萝卜素等保养品的成分。

而微脂体取自黄豆或卵磷脂，构造与生物体细胞类似，因此有很好的生物兼容性。当它接触到皮肤时，皮肤能够顺利将奈米粒子的表皮结构分解，释放出内含的精华，达到保养的功效。

奈米级防晒——不再担心大白脸

目前最为人们熟知的奈米级保养品便是奈米防晒品。防晒的目的是为了隔绝

不过这样的微脂体也有一定的风险，因为一般不适宜深度渗入肌肤的产品，像防晒品、去角质产品、保湿产品等，虽然强调产品经过奈米级处理，但如果内含的成分对人体有害，便会如“木马屠城记”，在人体内分解后释放有毒物质，无形之间制造伤害。

但活性成分在肌肤上作用的用量跟大小都不尽相同，小分子的维生素C、大分子的胶原蛋白以及动辄需要10%（化妆品上限）或几十个百分比（医疗用）浓度才有效用的果酸，都能够奈米化使用吗？其实不见得，运用微脂体的活性成分，在身体内的作用量也较低，使用微脂体装载可以提高皮肤的吸收率，并不是每一项成分都适合。

呈现白色，因此早期的防晒乳如果涂抹不均或是质量不佳，很容易在脸上留下一块又一块的白粉，而且不容易推开，非常尴尬。

因此有业者将二氧化钛奈米化，制成 80 ~ 100 奈米大小的防晒乳液，让粒子结构更加紧密。除可以有效隔离紫外线之外，奈米化的二氧化钛不会嵌入皮肤之中留下白色粉渍，也避免皮肤产生过敏，而且奈米粒子可以让可见光通过，因此抹上奈米防晒乳后，脸上的保护膜呈现透明无色，并不会看出乳液的颜色。

CHAPTER 6

唤醒美丽健康肌肤

各位朋友，看到这里，你知道保养有哪些步骤与方法了吗？首先认识自己的肤质，再购买合适的保养品，每天留一些时间帮自己保养，看起来就能容光焕发，不过其实还有更加省钱、健康的方法能够保养自己，答案就是睡眠与饮食，藉由良好的生活习惯，就能让美丽由内而外散发。可惜现代人因为工作、生活压力等关系，忽略了这些小细节，皮肤的毛病才陆续找上门来。各位朋友，从现在起，不妨注意生活小习惯，从睡眠做起，与温暖的太阳一同唤醒美丽健康的肌肤。

睡得早不如睡得巧

一天有 24 小时，通常人的作息是“日出而作，日落而息”，顺着太阳的升落来安排自己的一天。战国时期的名医文挚还曾说过“一夕不卧，百日不复。”指人一个晚上熬夜不睡觉，就算花费 100 天也难以恢复，用这句话来劝谏帝王。但是因为生活习惯与工作、学业的影响，“夜猫子”成为时代的新名词，亦指深夜无法入睡的人们，常常熬夜与日出相会。长期熬夜的结果，并没有像猫咪一样慵懒的可爱模样，许多人反而出现了黑眼圈，脸上长满了痘痘，脸色也较为暗沉。

人体内有各种各样的生理时钟，当然也有管理睡眠的生理时钟，由大脑中的深层脑区管理，指示该睡觉的时间以及清醒的时刻。睡眠就像一个大齿轮，牵动其他小齿轮的运作，这也就是当睡眠不足时，身体各处纷纷产生问题的原因之一。就算是过度睡眠，身体反而也出现疲累的状况，过犹不及的睡眠对身体来说都不是一件好事。

Cinderella 的黄金睡眠时间

到底什么时候才是适当的睡眠时间呢？请放心，生理时钟可是会尽责提醒你的。据研究指出，凌晨 11 点至清晨 5 点，大部分的人开始分泌一种叫“褪黑激素”的荷尔蒙，会跟我们脑袋里的生理时钟一起调节睡眠，并且促进睡眠，还可让肌肤达到 60 倍的夜间修复力量。这段时间更被日本人称为“Cinderella Time”，也就是“灰姑娘时间”，藉由熟睡唤醒身体的自愈力。

褪黑激素除了影响睡眠，更可以抗氧化、清除自由基，减轻对于皮肤的伤害，达到抗老化的效用，亦促使淋巴细胞合成，增强身体免疫力。不过褪黑激素是很怕光的，因此避免在睡前看电视、用电脑或是在躺在床上使用3C 产品，等等的声光刺激，不仅会让脑部继续活跃降低睡意，也会影响褪黑激素的分泌。不过现代人的生理时钟以不如以往规律，不要说熟睡，失眠、浅眠的情形大有人在，许多人更须利用药物才能让自己入睡，其实有许多方法可以逐步调整生理时钟，让睡眠时间可以渐渐恢复正常。

用“起床时间”来鞭策自己吧

想要调整睡眠时间，最好的方法是由“起床时间”往回推算，学生需要清晨 7 点抵达学校，上班族则是上午 9 点前上班打卡，上大夜班则是晚上 11 点左右开工，在固定的工作时间之下，往前推算需要多少的休息时间补充体力，就算没有睡意也能够躺在床上闭上眼睛放松一下身心，千万别牺牲睡眠成就玩乐的时间，否则容易造成恶性循环，最明显的例子便是周一症候群（Monday blue），因为周末太晚睡，与周间的生活作息大不相同，周一回到职场无法适应，心情与体力反而降到低点，也容易影响工作表现。

如果真的没有长时间可以睡眠，也尽量在下午 3 点前，利用 15 ~ 30 分钟补眠，调节一天的生理时钟。影响睡眠时钟还有一项重要的因素——阳光，阳光的照射可以提醒生理时钟的运作，校准时钟，不会日夜颠倒产生时差，也能为身体带来维生素 E 等好处。睡不饱可是比你想得更严重，有期刊研究指出，若每天睡眠少于 4 小时，长期下来将影响体内的免疫系统和记忆力的正常运作，也会加速胶原蛋白的流失，影响皮肤的弹性与细致，出现皱纹。

熟睡小撇步

至于想要熟睡，除了在正确的时间入睡之外，还有一些方法能够放松身体加强睡眠质量。

- 睡前避免茶、咖啡等含有咖啡因的饮品。
- 拒绝油腻、高糖分的食物，不仅影响睡眠，也会因为消化速度慢而造成发胖的情形。
- 可以在睡前读书、读英文，但别选择推理小说，反而会动脑筋。也别用平板电脑，以免让脑部过度运作反而睡不着。
- 散步、慢跑或是运动半小时，有助于释放压力，帮助睡眠。

研究同时也指出，当人进入熟睡时，肌肤免疫能力会提升，血流速度比白天加快 25%，令皮肤修复功能提升，加上新陈代谢速度比日间快 8 倍，更易吸收养分和排除毒素，除了抗老、明亮肌肤外，更有许多女性重视的保湿效果。总而言之，睡眠是一种保养疗愈而非压力，强迫自己睡眠反而更加疲累，不妨跟着以上方法，调整自己的睡眠吧！

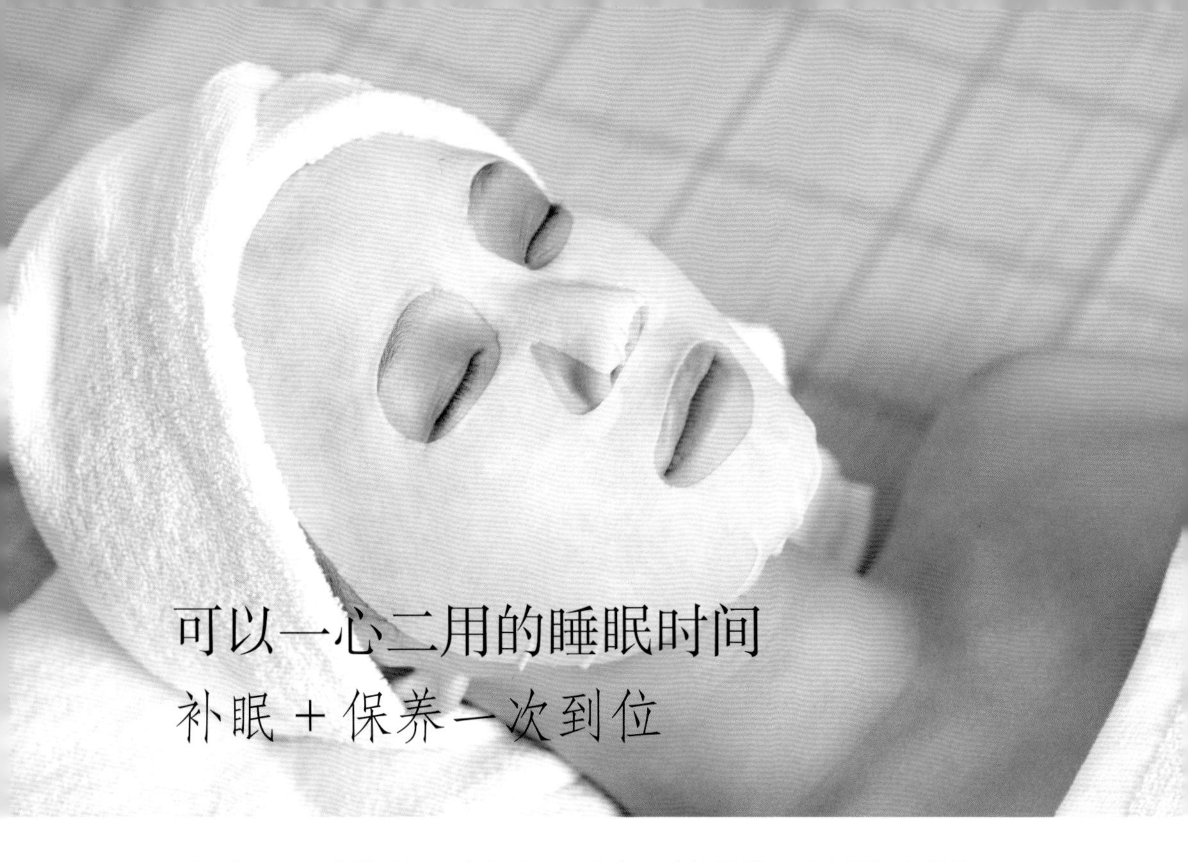

可以一心二用的睡眠时间

补眠+保养一次到位

睡眠占了一天多数时间，这段时间一动也不动地躺着，到底要怎么保养呢？一般皮肤新陈代谢最旺盛的时间是在晚上 10 点到凌晨 2 点之间，若在这段时间有好的睡眠，就能够有效代谢黑色素，加上保养品的吸收效果较好，皮肤很快就能够恢复正常了。

睡前准备要充足

不妨在睡前擦上适合自己肌肤的化妆水与乳液，并且为脸部进行简单按摩，再敷上一片面膜，不过记得要注意时间撕下面膜，别让面膜伴着你入睡，不然面膜反而会吸收脸上的水分，让皮肤变得很干燥。

夜间美容小帮手

在睡前，许多人会选择敷面膜，让皮肤吸收面膜液精华后在沉睡中滋养皮肤，加上这段 Cinderella Time 为细胞再生的高峰期，市面上也有许多保养品牌推出“晚安冻膜”相关产品，让皮肤保持水嫩，但是这些保湿力却普遍不足。也可以在脸上易长痘痘粉刺的区域涂一些茶树精油，消炎镇静皮肤。

不水肿靠这招

现代人用眼过度，如果睡眠时刻没有充分休息，隔天醒来，眼部会挂着眼袋，两眼无神，因此不妨在洗澡时利用温毛巾敷眼睛，放松眼周肌肉，也畅通血液的流通。另外戴着眼罩睡觉能够帮助提升睡眠质量，进入更深层的睡眠，不过得注意起床时间，以免以为自己一直身处在黑暗之中忘记起床喔。

相信自己的皮肤吧

但是与其将瓶瓶罐罐全都抹上皮肤，让皮肤吸收养分，倒不如选择正确简单的保养方法，因为过多的保养品反而阻碍皮肤的自然吸收，过多的营养也会使脸部生成粉刺，反而是一种负担。而且再好的保养品也是有添加化学成分，在毫无防备的情况下，让化学成分恣意在脸上作用并不是一件好事情，还是相信皮肤的自愈力。最重要的一点还是认真清洁皮肤，洗去一天的尘埃，以及维持基本的保湿，剩下的就交给肌肤吧！

睡姿也是保养的一部分

想要有好气色，除了勤加保养之外，睡姿的不同也会影响皱纹的生成，例如侧睡时，全身重量挤压同一边的肌肉造成纹路，以及血液循环的不顺畅，经年累月之下，当皮肤失去正常回复力时，便容易累积产生皱纹。因此最好是平躺，让皮肤均匀受力，并且调整枕头的高度与材质，降低脸部的压力，不仅能够更顺利地入睡，也降低产生纹路的几率。

清醒后要注意

从睡眠前到睡眠中，皮肤因为不受干扰，所以扩张，并且不停地吸收养分，代谢出脏污，减少皮肤负担，因此早晨醒来时千万别忘记用温水洗去这些老废角质，清拍脸部让毛孔收缩紧致，唤醒新生的肌肤活力。接着再准备出门前的妆容与必备的防晒，为自己加油打气。

均衡饮食金字塔

不可不知的饮食度量衡

食物是补充身体能量最直接的来源，不同食物提供身体所需的各种养分，像脂肪、蛋白质、纤维质等等，每种营养身体都不可或缺。但并不是大量摄取就对身体有好处，均衡饮食才能达成身体健康。每个人在不同年龄阶段，以及个人的身体状况差异，对于养分的需求大有不同。

台湾规定五谷根茎类、蔬菜类、油脂类、蛋豆鱼肉类、水果类、奶类为六大基本食物，这些营养素能作为能源、建造组织、调整身体新陈代谢，希望每个人每天都能够摄取这六大类食物，而且经常变换不同食物内容。（以下分量指一般成年人）

五谷根茎类：3—6 碗

蔬菜类：3 碟

油脂类：2—3 茶匙

蛋豆鱼肉类：4 份

水果类：2 个

奶类：1—2 杯

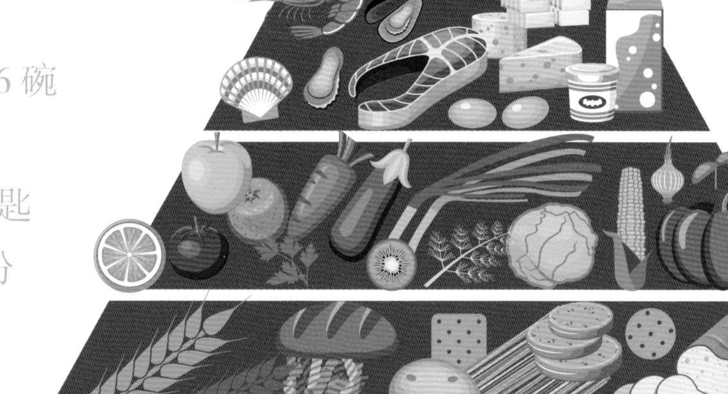

五谷根茎类——基本活力来源

五谷根茎类含有大量糖类、膳食纤维、植物性蛋白质、维生素 B 群等等，是维持人体基础能量的最大功臣，在口中咀嚼后会产生淀粉酶，释放出甜味，主要来源则是米饭、面包、面食等等，一碗 200 克的米饭相当于 4 片薄吐司或是两碗水煮面，所以要控制每餐米饭的量，选择一项主食后，同一餐内就不要再选择其他五谷根茎类，以免超量。正在减重的人对于五谷根茎类的分量更是要细心计算，否则热量可能一下子就会超标了。

蔬菜类——就是要這“三多”

蔬菜类含有矿物质与多种维生素，从胡萝卜的维生素 A、高丽菜的维生素 C、菠菜内的维生素 E……大量的纤维质则能够促进肠胃消化，对身体机能、皮肤状况也有益处。每天摄取 3 碟蔬菜，一碟为 100 克，可以不同果菜类、叶菜类的蔬果代换，多样、多色、多量的“三多”摄取原则，亦是缤纷人生的一项准则。低脂、低热量的蔬菜类亦是减重民众的最佳选择。近年茹素人口大增，许多人投入研究蔬菜料理的烹调方式，即便只是川烫青菜，亦有多种不一样的口感，为蔬菜摄取带来更多元的选择。

油脂类——回归原味烹调

油脂来源是肉类、坚果类或是烹调时外加的油类，能够供应身体能量与必须脂肪酸，其中坚果类又包含开心果、瓜子及花生酱等。但由于大部分油脂并非直接摄取，难以控制计算。不过在烹调时尽量少油、少盐，以回归原味的方式烹调，绝对是维持健康的不二法则。

蛋豆鱼肉类——多元选择、能量满点

蛋豆鱼肉类提供丰富的蛋白质、铁及维生素 B_1、B_2，这些营养都是身体重要的养分。一个鸡蛋相当于一份蛋豆鱼肉类，但在现代饮食习惯中，常常早上食用夹蛋吐司，中午吃荷包蛋，下午或晚上再吃茶叶蛋，一不小心，蛋豆鱼肉类的摄取就超标了！加上鸡蛋容易导致胆固醇过高，因此尽管鸡蛋是方便又便宜的营养来源，还是要克制鸡蛋的食用。一个鸡蛋同时也分别等于猪小排 40 克、秋刀鱼 35 克（1/2 条）、小方豆干 40 克（1 又 1/4 片）、一杯豆浆，由此可知蛋豆鱼肉类的来源是非常多元又可观的，不需要局限在同一样食物上，也能让饮食增添乐趣。

水果类——怎么吃都健康

提到水果，“健康”两个前缀先浮上心头，水果与蔬菜一样拥有丰富的矿物质、维生素 A、维生素 C 及膳食纤维。台湾可谓水果王国，加上进口水果的加持，四季都能够品尝香甜可口的多样水果。最好能选择当季盛产的水果，不仅便宜，又能够提供最丰富饱满的养分。春季水果有木瓜、枇杷、李子、梅子; 夏季水果有芒果、龙眼、荔枝、火龙果、菠萝; 秋季水果有莲雾、甜柿、柚子、梨子; 冬季水果有柑橘、草莓、金枣、香瓜。除此之外，由于现在农业科技的进步，还有四季都会生产的水果，例如香蕉、苹果，这两样水果食用方便，香蕉所含丰富的膳食纤维能促进肠胃消化，内含的淀粉量带来饱腹感，不仅是减肥的好朋友，更能提供身体能量。

奶类——钙质补充不可少

奶类的摄取来源除了牛奶，酸奶、奶酪也计算在内，一杯 240cc 的全脂牛奶（市售小牛奶盒容量）相当于一瓶酸奶，不过同于也等于一片奶酪，因此喜爱吃奶制品的人，最好审慎选择种类。奶类提供蛋白质，以及众所皆知的钙、磷及维生素 B_2，其中钙与磷是维持健康骨骼的要素。不同年龄层对于钙质的吸收率不同，随着年纪增长，吸收率会逐步递减，女性更年期后以及老年男性，每年吸收率会以 0.2%的速度递减。因此平时补充钙质、累积“骨本”是非常重要的。而奶制品即是最佳帮手，不过由于人体对于钙的吸收量一次只有 500 毫克，所以最好分三餐摄取奶制品，入睡前来一杯温牛奶也能够助眠。

水分不是营养却依然重要

多喝水或是摄取富含 omega-3 脂肪酸的食物，也可以防止水分体内散失，让保养更事半功倍。每天应喝 6 ~ 8 杯流质饮品，包括开水、清茶和汤，保护内脏调节身体体温。

每日饮食金字塔

金字塔饮食法，越在顶端的食物，摄取量越小，因此油脂类最好减少摄取，奶类与蛋豆鱼肉类则是酌量食用，蔬菜、水果的分量则可以增加，吃得最多的类别则是补充身体基本养分的五谷根茎类。

营养不均衡容易造成肥胖，引发高血压、糖尿病、心脏病等三高问题，但是许多人的名言是“为吃而活着”，容易受到美食的诱惑，因此不知不觉就超出了饮食标准，后续身材问题也接踵而至，台湾提供了健康身材的基本标准公式，也就是 BMI（Body Mass Index）身体质量指数，计算方式是将体重（公斤）除以身高的平方数（公尺^2），公式如下：

BMI= 公斤 / 公尺^2

一般成人身材的正常范围在 18.5，小于等于 BMI 小于 24，当数值大于等于 27，就属于肥胖的范围；青少年身材的正常范围在 16，小于等于 BMI，小于 22，当数值大于等于 25，就属于肥胖。

彩虹饮食法
你今天吃进多少美丽营养

蔬果拥有多种色彩，从基本的绿色、白色，到黄色、紫色、红色、橙色，鲜艳缤纷，像彩虹一样亮丽，而且因为颜色的不同，内含的营养素多寡与种类也有所差异。

一般建议每天摄取量最好是3份蔬菜以及两份水果，也就是大家耳熟能详的“天天五蔬果”的口号，不过国人的饮食状况其实是不符合的，正因为如此，时常出现肠胃不适、消化不良的疾病。针对不同年龄层，实用的分量也有所差异，因此“蔬果579”则是提醒儿童一天至少要吃5份蔬果，女性7份，男性9份，而且种类尽量能够多样化。

无论如何，千万不要挑食，在颜色与美味前取得平衡，找到色香味俱全又适合自己的美味料理喔！

彩虹饮食法则

色彩	营养素	营养价值	蔬果种类
蓝色 紫色	矿物质 微量元素 多糖体 钙 铁	降低癌症发生率 有助于增强记忆力 抗老化	蓝莓、葡萄、黑莓、茄子、梅子、梅干、黑豆、黑木耳、黑芝麻
绿色	黄色素 粗纤维 维生素 A 维生素 B 群 维生素 C	抗氧化效果 降低慢性病发生率 强健骨骼及牙齿 保健视力 滋养肝脏	花椰菜、地瓜叶、菠菜、芦笋、酪梨、白菜、空心菜、青江菜、青椒
白色 棕色 褐色	蒜素 水溶性纤维	降低癌症发生率 调节血胆固醇 促进心脏健康	洋葱、冬瓜、大蒜、韭菜、大豆、灵芝、菇类
黄色 橘色	维生素 C 类胡萝卜素 类黄酮素	有利于内脏器官的运作	胡萝卜、橘子、柳橙、木瓜、南瓜、哈密瓜、番薯、葡萄柚、杏仁、玉米、芒果、香蕉、五谷根茎类
红色	茄红素 花青素 维生素 A 胡萝卜素	降低癌症发生率 提升记忆力 促进心脏健康 促进血液循环 脸色红润	西红柿、草莓、蔓越莓、樱桃、红葡萄、甜菜根、红甜椒、苹果

运动吧，由内而外打造亮丽自信

不正常的饮食容易造成多余的营养在身体内累积无法代谢，久而久之形成脂肪以及挥之不去的肥肉，身材也随之走样。想要恢复苗条的自己，最基础是通过饮食的控制，但并不是一味地禁食，而是了解身体基础代谢，适时补充营养热量，不多摄取没有用的物质。

一般而言，男性每天饮食需控制在1500 ~ 1800 大卡，女性则是 1200 ~ 1500 大卡，在搭配低热量、均衡饮食的控制下，每天需减少 500 大卡的摄取，更要搭配持之以恒的运动习惯，只要不放弃，就能找回匀称的身材。

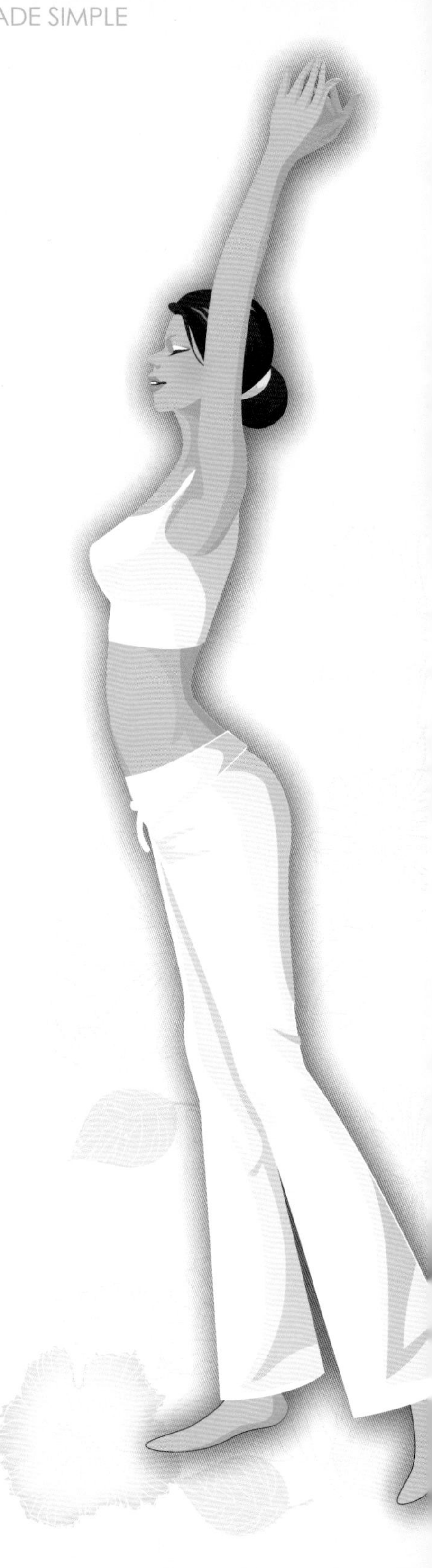

运动的好处不胜枚举，不仅能够锻炼身体，还能够释放心理压力，无论是室内或户外，激烈或宁静，现代运动的选择非常多元。依照个人身体状况，选择合适的运动才是最重要的，避免跟风，加入不熟悉或是体能无法负荷的运动，反而会让身体瘦到伤害。现代人习惯在清晨或是下班时间慢跑运动，假日时甚至还到处参加路跑比赛，让跑步跃升为新一代社交活动。而在漫长的跑步路程中，不仅能与自己对话交流，还能够卸除压力。

来自体内，最便宜的幸福来源

有人发现运动后，心情总是特别愉悦，原因是来自运动时身体所分泌的脑内啡（endorphin）。当运动量超过某一阶段后，大脑周边系统便会开始分泌脑内啡，与情绪控制有关，不但可以减缓压力，降低不安，同时也会产生幸福感，对于人体的止痛效果更是吗啡的 6 倍以上，因此通过运动消除疲劳的说法是有科学根据的，就是因为脑内啡的影响。不仅如此，脑内啡还能够强化身体免疫力以及抗老的益处，不需要任何费用，只要通过运动，就能够自然产生，它也被称为跑步者的愉悦感（runner's high），能够在长时间的跑步中，促使跑步者坚持到最后一刻。

瞻前顾后：运动保养不可少

运动并不困难，困难的是踏出运动的第一步。现代人常以慢跑作为运动的第一项选择，但根据调查慢跑新手有七成在三个月内就会放弃，超过一半的人更是在一个月内就放弃了。这是因为平时没有固定的运动习惯，刚投入运动便会拉扯不常使用的肌肉纤维，导致酸痛，因此运动前一定要做足暖身运动，伸展四肢告诉身体。

运动前——暖身、防晒

运动前记得换上合适的衣物、运动鞋，还要找个阴凉处，从头到脚彻底活动身体，避免造成扭伤或是拉伤。暖身运动中主要是活络身体关节；许多关节因为少有使用，就像是许多没有使用的齿轮，难以推动。如果暖身不充足，运动过程中过度拉扯，便容易造成运动伤害，因此在正式运动前，动动全身关节的动作是不能缺少的，例如左右弓箭步，就能够有效伸展髋关节及大腿前侧肌肉群。

伸展后，别急着出发运动，先拿出防晒乳，涂抹脸部与手脚。现在的防晒用品，因应不同部位推出效用差异的产品，特别是脸部与手部，要涂抹均匀，严实保护，才不会变成黑一块、白一块的“斑马”喔！

运动中——补水、再防晒

运动中要随时注意自己的身体状况，评估个人状况，适时休息。马拉松中通常会设置中继站，提供巧克力、食物以及最重要的水。这时不要为了节省时间，又觉得身体不累就继续往前，最好能够停下来，补充体力—特别是水分，之后再出发。

如果一般外出运动，为了环保与身体健康，最好能够自己携带水瓶，随时补水。运动时因为大量出汗，同时带走身上的防晒乳，因此要经常补擦防晒乳，延续防晒的效用。

运动后——缓和运动、修复

你是否观察到一个现象，有些人就算经常运动，小腿也不容易出现小腿肌，除了天生影响，其实更重要的秘诀正是运动后的缓和运动。

运动后千万不要马上放下装备或是大吃大喝，应该先补充水分，并且进行缓和运动。内容可与暖身运动相同，加强伸展容易疼痛的大腿肌、手臂。除了可以维持好的体态，也能够减少肌肉酸痛的现象。

肌肤尽管有防晒乳的保护，经过曝晒仍旧会受到损伤，因此在充分清洗后，可涂上芦荟、丝瓜液等舒缓镇定的保养品。脸部肌肤则交给面膜，以最贴近脸部的方式修复一天紫外线带来的伤害，维持亮白光泽的面孔，让运动带来最佳的效果。

55.00
Weight control
Water - minimum
of 8 SERVINGS
Sleep 7-9 hours

CHAPTER 7

保养没有那么难

ESSENTIAL POINTS IN SKIN CARE

保养该从什么时候开始

每天熬夜加班需要保养，晒了一整天的太阳需要保养，但你知道你保养的目的是什么吗？在每天的涂涂抹抹中，将保养品的养分提供给皮肤，好让皮肤能够获得更多的营养。保养的真谛在于保持皮肤适当的水分及油脂，因此应根据不同肤况选择适当的保养品才能够真正达到保养的效果。

保养并不是某一个阶段用上所有的保养品就能拥有完美无瑕的肌肤，必须要长时间的呵护，所以“只有懒女人，没有丑女人”绝对不是空穴来风。但现在我们更可以把这句话改成“只有懒人，没有丑人”，不管年龄、不论性别，只要想拥有美丽健康的皮肤，就一定要找出适合自己的保养方法。

客制化保养指南

随着年龄的增长，皮肤所需要的养分也不同，因此选择保养品时一定要符合自己的年龄需求，而非选择昂贵的保养品或是使用他人的保养品。曾有女孩贪图方便使用妈妈的保养品，将油腻滋润的乳液涂在脸上，肌肤不但没有散发光泽，还因为毛孔阻塞产生了粉刺、青春痘，让她后悔不已，后来才知道不同年龄的皮肤有各自合适的保养方法。

男女皮肤纠察队

不仅是年龄，男性、女性因为皮肤的构造不同，也会让皮肤成长状况与保养方式有所不同，男性肌肤比女性厚 16% ~ 24%，男性荷尔蒙的雄激素会促进胶原蛋白的合成，所以男性肌肤胶原蛋白的含量比较高，肌肤较能够保持弹性，也较厚，当女性肤质开始下滑，男性还能保有小伙子的模样，让不少女性羡慕不已。但是男性荷尔蒙同时也促进皮脂腺发达，产生大量的皮脂，男性油脂的分泌量是女性的 1.5 ~ 3 倍，让氧化的角质不易脱落，也容易阻塞毛孔，如果不注重清洁，就容易产生皮肤问题。

除了清洁，妥善保养，亦是能够维持良好肌肤的好方法；如果错过保养时机，皮肤也会受损较快。男性朋友、女性朋友，无论你今年几岁，别再等了，快来看看你是属于哪个皮肤阶段吧！

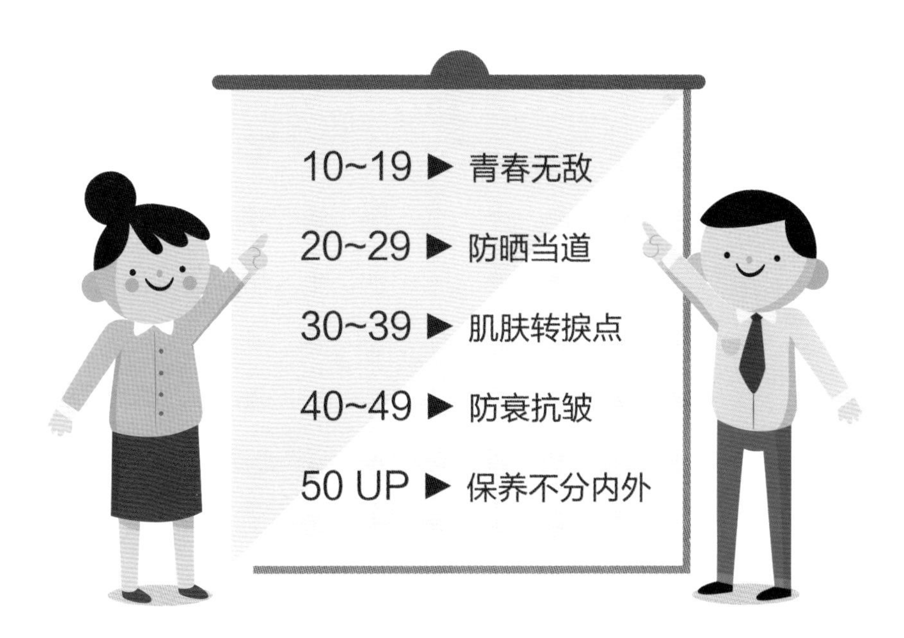

10 ~ 19 岁：
青春无敌的肌肤

10 ~ 19 岁正值青春期，内分泌与油脂分泌旺盛，也正是青春痘的好发时期，只要多吃一些炸物或是熬夜，隔天脸上就会冒出许多痘痘。有些人会忍不住用手去挤，反而因为手上的细菌造成脸部红肿溃烂，肌肤较为脆弱的人更可能会因此留下痘疤。虽然是青春必经的回忆，但仍希望拥有美丽的脸庞。

因此这个阶段的保养重点便是重清洁、控油。选用清爽且含有控油成分的乳液，并且按照肤质选择合适的洗面奶，达到最佳的清洁效果之余，也让皮肤透出青春气息喔。

保养 Tips

1. 除早晚洗脸，外出返家后因为脸上油脂分泌旺盛，容易堆积废物，一定要清洗。建议选用弱酸性（PH 值 5.5）洗面奶较不易破坏皮肤表面，也能降低疮杆菌的数量，改善长痘痘的情况。

2. 利用果酸、水杨酸、医生提供的处方 A 酸等进行定期角质代谢，但因为这时期皮肤能正常代谢，所以不需要过度去角质，避免伤害皮肤。

3. 如有痘痘状况，建议可用含锌化合物（ZincPCA）或南瓜素等控油成分的产品，或请医生开抗痘药膏，以少量抗生素快速治痘，但预防胜于治疗，还是要回归源头，着重脸部清洁。

20～29岁：
多防晒没事，没事多防晒

20～29岁身体机能已经发育完全，肌肤28天的生理周期运转正常，肌肤富有弹性、肤色均匀、柔软并充满水分，也不缺乏养分，不需要特别使用保养品，只要及时补水以及防晒，或是利用面膜定期舒缓肌肤，恢复肌肤弹性即可，也不易出现细纹与雀斑。

但在这个时期因为学业与工作的关系，容易熬夜、压力大，加速油脂分泌，容易生成粉刺、黑头或暗疮，去油保水，要注意每天的睡眠时间，千万别因为年轻而逞强，否则肤况可是会日渐下滑。25岁是皮肤的一个分水岭，女性在过了25岁之后皮肤就逐渐衰老，所以这段时间的保养很重要，应选用乳液或乳霜，保持皮肤在水润健康的状态。加上时常化妆容易伤害皮肤，因此更要注意妆前、妆后的保养，并且确实地卸妆。

保养Tips

1. 每天外出前半小时先涂抹防晒乳，并且隔一段时间补涂，以维持防晒效用。

2. 注意化妆前后肌肤的清洁，每天早晚两次洗脸，洗去脸上的脏污与美妆品，让肌肤有机会自然修护。

3. 使用吸油面纸吸去脸上油光，但不要经常使用强力的洁面用品以免破坏皮肤PH值的平衡。

4. 滋润产品可选择保湿度高、油分少的润肤露或润肤乳液，但只需要薄薄一层，否则容易阻塞皮肤的毛孔。

此阶段的男性因为工作应酬的关系，免不了抽烟、喝酒，不仅伤肝、伤肾，同时还影响肤质，还可能增加癌症的风险；加上餐餐大鱼大肉的情况，食物更容易转化为脂肪累积在腹部。除了饮食控制以外，还要培养良好的运动习惯，代谢身体的有害物质，否则可能年纪轻轻就会挺着一个啤酒肚了！

30 ~ 39 岁：
补水保湿，守住肌肤转捩点

30 岁以后皮肤衰老的速度加快，光泽、水分和弹性都会减少。光补水是不够的，还要适当地补充一些营养。如果之前没做好防晒保养，30 岁开始脸上可能就会比同龄人早日生成细纹与雀斑。加上胶原蛋白大量流失，嘴角、眼周开始出现纹路，毛孔也会粗大，造成更多的皮肤问题，应选用含有胶原蛋白的营养霜或乳液，维持胶原蛋白与脸部的弹性。记得要补充水分，否则久而久之会反映出身体缺水的后果——干燥的皮肤。

大多数女性在 30 岁开始步入人生的新角色——母亲。因为生产的关系，体力及元气不如以往，如果错失坐月子的补气时机，更是对身体的一项大伤害，因此绝对要把握这段时间休养生息。许多人戏称结婚后的女性为“黄脸婆”，原因在于工作、家庭两头忙的情况之下，极少有时间像少女时期一样爱护自己。但无论多忙碌，还是要找时间排解压力，找回生活热情，才能够活得青春快乐。

保养 Tips

1. 除基本的清洁保养外，加强保湿、抗氧化。玻尿酸、神经酰胺、维生素 B_5、月见草油都含有有效的保湿成分。
2. 每星期去角质或使用果酸护肤品，清除脸上的老化角质及死皮，恢复肌肤光泽。
3. 30 岁以后体内的胶原蛋白数量减少，肌肤的弹性不如从前，松弛下垂等情况会越来越明显，需定期为肌肤按摩、拉提。可使用拉提面膜，利用面膜弹力，维持肌肤的紧实度。
4. 这时期开始为抗皱做准备，建议从眼周、嘴角开始进行保养修复。除了擦防晒乳之外，平时烈日下也别忘戴太阳眼镜；也可以挑选含抗皱成分的眼霜，例如胜肽类的维生素 C、A 醇都是不错的选择。

三十而立，无论女性、男性皮肤都会开始松弛，眼睛周围开始出现皱纹。这时都要注意紫外线的照射，除了防晒乳的保护，也可以身着长袖衣物。男性专属的保养品越来越多，更有符合男性肤质的面膜，成为男性保养的一大福音。这一年龄段的男性也需着手预防肾脏疾病，每天喝 8 ~ 10 杯清水，排解毒素，与 20 多岁一样，为平坦的小腹努力！

40 ~ 49 岁：

防衰抗皱，注意保养品的选择

40 岁以后皮肤正式进入衰老的阶段，皱纹变得明显，不仅有鱼尾纹、法令纹、抬头纹等纹路，雀斑也陆续浮出。虽然皮肤状况会随着年纪渐渐变差，但是如果青春时代好好保养，40 岁依旧能保有年轻的肌肤。

40 岁以后与 30 岁的保养步骤大同小异，差别仅在于保养品的选择。紧肤防皱是首要工作，防晒保湿则是避免肌肤流失更多营养。

另外，40 岁以后的肌肤比以往更容易疲劳，要让皮肤回归自然状态，减少化妆，充分休息，并为肌肤补充营养，以面膜、按摩或是定期去美容院护肤的方式提升肌肤的质量。

保养 Tips

1. 加强抗皱、抗老化保养品。可依肌肤状况选择果酸、左旋维生素 C、Q10、胜肽、维生素 E、植物多酚类。

2. 美白淡斑。在挑选产品前，先仔细比较包装上的产品浓度，浓度愈高愈有效，但是过高浓度反而会伤害皮肤，一定要参酌卫生福利部公布核准使用的 13 种美白成分选择合适的保养品，做一位聪明又美丽的消费者。

50 UP：内外兼顾，年龄不留痕迹

50 岁后皱纹会愈来愈深，肌肤更不敌地心引力拉扯而出现下垂，肌肉弹性也不如以往灵活，因此可能出现脸颊干瘪凹陷的问题。现代通过医学美容科技的进步，不需要长时间，皱纹即可消除，也能够填补凹陷的脸颊，不失为维持青春的好方法。

我们不难发现女性的老化是从细纹渐进式发展，但男性往往是“山崩型”的情况，在 50 岁前外貌与年轻时相差无几，但一过 50 岁就会出现深刻皱纹，老化得十分快速。而且在这时期，男性、女性的体力都会大幅下降，如果年轻时没有运动习惯，造成肌肉不足，关节与行动上会非常不方便，也容易有关节疼痛的现象。因此除了外在的保养，内在的保养亦是不可或缺的，可以补充保养品或是通过简单的运动，训练肌耐力以维持体能。

保养 Tips

抗皱

使用类肉毒杆菌、胜肽类产品，或是通过医学美容疗程，例如雷射、脉冲光、肉毒杆菌，或玻尿酸填充。但是千万别过度依赖疗程，否则会破坏皮肤的组织构造。

换肤

涂抹浓度较高的果酸（可供民众自行购买的浓度上限是 10%），达到类似更换保养品换肤效果，皮肤就能显出光泽。

更换保养品

随着年纪增长，皮肤对于外在环境的温度及湿度愈加敏感，必须针对四季更换不同的保养品，肌肤才能在各年龄层都保持最佳状态。

卫生福利部目前核准使用 13种美白成分

1. 维生素 C 磷酸镁盐 Magnesium Ascorbyl Phosphate；MAP

卫福部规定浓度限量为 3%，有效地深入细胞内层，缓慢地释放出活性成分，作用时间可持续 24 小时以上且更有效。

2. 曲酸 Kojic Acid

卫福部规定浓度限量为 2%，曲酸为 r-pyrone 化合物，是由曲霉菌属和青霉菌属的发酵液中提炼而得，可阻断黑色素之中间生成物，达到其抑制黑色素形成、淡化黑斑的美白效果。

3. 维生素 C 糖 Ascorbyl Glucoside

卫福部规定浓度限量为 2%，是新陈代谢中举足轻重的角色，帮助伤口愈合及组织修护，帮助胶原蛋白的合成，抗氧化，加强免疫力。

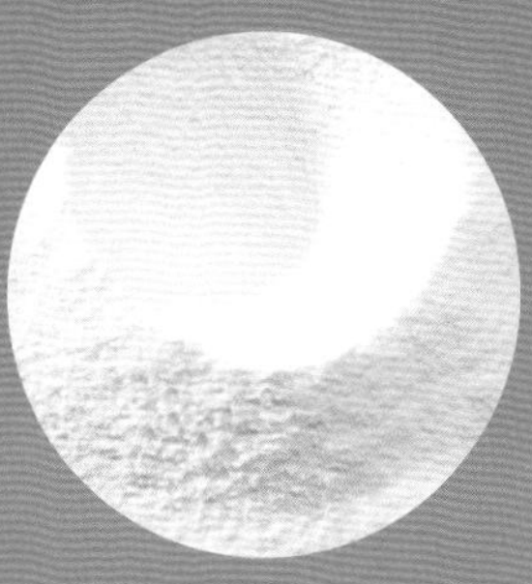

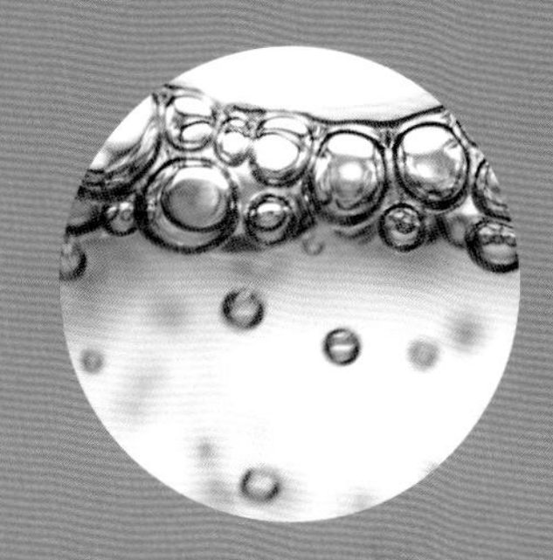

4. 熊果素 Arbutin

卫福部规定浓度限量为 7%，亮白、除皱、抗自由基，抑制酪胺酸酶酵素，降低黑色素生成速度，让肤色变得透明、白皙、匀亮。

5. 维生素 C 磷酸钠盐

Sodium Ascorbyl Phosphate；SAP

卫福部规定浓度限量为 3%，较维生素 C 安定，较不易氧化，且有抑制酪胺酸酶酵素活化的功能，有效还原黑色素及抑制黑色素的生成。

6. 鞣花酸 Ellagic Acid

卫福部规定浓度限量为 0.50%，抑制酪胺酸酶的活性，可使肌肤明亮匀白，针对发炎后的色素沉淀也具有淡化的效果。

7. 洋甘菊精 Chamomile ET

卫福部规定浓度限量为 0.50%，能防止黑斑、雀斑；有效消除浮肿，强化组织增进弹性，对于燥易痒之肌肤效果显著。

8. 二丙基联苯二醇 5,5'-Dipropyl-Biphenyl-2,2'-diol

卫福部规定浓度限量为 0.50%，效用在于抑制黑色素形成，防止黑斑雀斑，藉此使肌肤呈现亮白光泽。

9. 传明酸十六烷基酯 Cetyl Tranexamate HCl

卫福部规定浓度限量为 3%，主要抑制黑色素形成及防止黑斑雀斑的生成。

10. 传明酸 Tranexamic Acid

卫福部规定浓度限量为 2.0% ~ 3.0%，在医学上为“抗发炎药剂”，后被发现用于美容上，能有效抑制酪胺酸酶的活性，减缓麦拉宁色素的合成，改善肌肤问题，使肌肤保持晶莹剔透。

11. 甲氧基水杨酸钾 Potassium Methoxysalicylate

卫福部规定浓度限量为 1.0% ~ 3.0%，又常被称为“4MSK”，能够调理肌肤状态，营造透明感，抑制黑色素及斑点的形成。

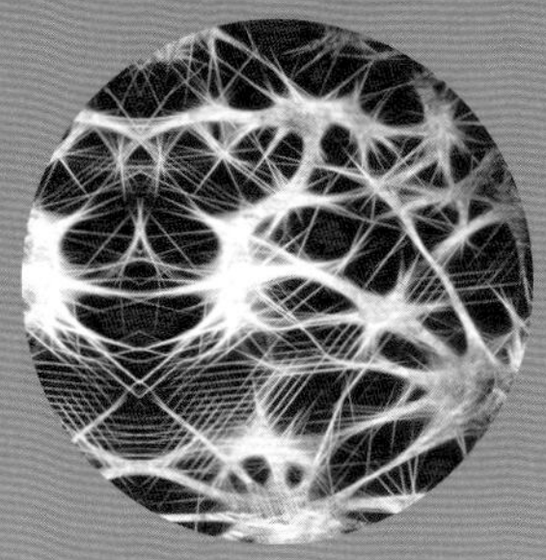

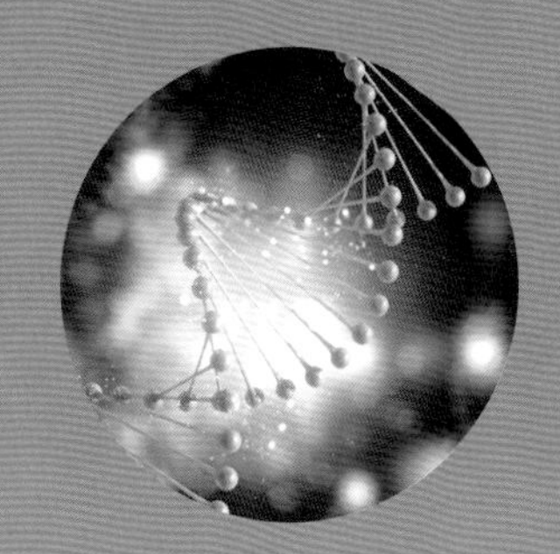

12. 3-O-乙基抗坏血酸

3-O-Ethyl Ascorbic Acid

卫福部规定浓度限量为 1.0% ~ 2.0%，抑制黑色素，减少斑点，达到亮白均匀的肤色效果。

13. 脂溶性维生素 C

Ascorbyl Tetraisopalmitate

卫福部规定浓度限量为 3.0%，也是卫生福利部核准使用的13种美白成分中唯一的“含药化妆品”，其他 12 种则是一般化妆品的使用成分，主要作用是抑制黑色素的形成，达到亮白、除皱的效用。

资料来源：卫生福利部食品药物管理署

CHAPTER 8

植物性原料介紹
自然美也很簡單

面膜精华液中如前面第二章提到的有十大原料，从水分、油脂到多元醇类的添加，组成面膜的各种效用。

其中活性成分则是精华中的精华，成就美白、抗老、保湿等功效，亦是消费者购买面膜的重要指标。除了化学家研究制造出的活性成分之外，其实自然界中原有许多天然的活性成分，不仅带有实际功效，更散发原纯的香氛与色泽。

以下有多种来自植物与矿泥的精华萃取，提供多样的营养，对于肌肤的伤害也较小。下次选择面膜或是保养品时不妨以这些原料为主，想要自然美，也可以很简单。

植物及萃取类

品项·成分与功效

人参

内含丰富的维生素 B_1、B_2，适用各种肌肤，特别是过敏肌肤，亦可防止皮肤老化、保湿，使肌肤柔润光滑。

苦瓜

具有促进食欲、清凉解毒、消肿、祛寒等功效，舒缓燥热的肌肤。

牛奶

含有高量的完全蛋白质以及钙质，容易被肌肤吸收使用，丰富的维生素 A_1、D、E、K、B_1、B_2、B_6、B_{12}，更能镇定肌肤，维持弹性。

左手香

又称为“到手香”，具有杀菌效果，改善脂漏性皮肤炎，缓和肌肤产生的湿疹、粉刺、过敏、皮肤干裂以及过敏引起的红肿痒等肌肤问题。

玉容散

净白肌肤去除粉刺，促进脸部血液循环，相传是清代慈禧太后爱用的宫廷秘方之一。

甘松

具有清洁护理、防过敏等功效。

甘草

能清热解毒、缓急止痛，舒缓各种不适。

白芨

具有增强肌肤活力、细滑肌肤等美容用途，更是自古以来美容必备的药品，亦能治疗痤疮、干癣皮肤疾病，对于消除抚平疤痕有一定的效果。

白蔹

具有清热解毒、消肿、溃后收敛等功效，能有效抑制黑色素生长，保持美白的肌肤。

艾草

艾草含有多种微量营养元素，如叶绿素和膳食纤维，亦拥有大量维生素和矿物质，维生素 A、B_1、B_2、C 及矿物质铁、钙、磷等。当各项元素互相结合作用便能发挥极大功效。

何首乌

何首乌最为人称道的就是补气血、乌亮头发等作用，亦能紧致肌肤并提高皮肤活力，抗氧化，抵抗自由基。

佛手柑

有效舒缓精神压力，放松紧绷的心情。用于皮肤可止痛、抗菌、除臭，特别适合油性肌肤，能很好地改善湿疹、干癣、粉刺或脂漏性皮肤炎等肌肤问题。

杏仁

软化肌肤角质层，抑制皱纹的产生，亦用于清除角质与毛细孔的碎屑。

没药

没药能够清洁肌肤油脂，有效防止皮肤衰老，增进肌肤弹性。亦能舒缓伤口的溃烂，活血祛瘀、消肿定痛，加快复原速度；帮助改善湿疹、面疱、疱疹、干癣及一般过敏现象。

乳香

平衡油性肤质，清洁肌肤油脂；对于熟龄肌肤更有一定的收敛效果，抚平细纹，带给肌肤新生的质感。

玫瑰

可抚平情绪、提振心情，纾缓紧张与压力，适用于所有皮肤，特别有益于成熟、干燥、硬化或敏感性肤质，其紧实、舒缓的特性对缓解发炎现象很有帮助。

芝麻

富含铁质、钙质以及维生素B、E，亦有磷脂质的抗敏、保湿作用，在清洁肌肤的同时，为肌肤补充水分并加上一层保护膜。

金盏花

含有丰富的叶黄素和胡萝卜素等天然黄色素，能够舒缓老化干燥的肌肤，对于晒伤以及皮肤炎的不适肌肤也有很好的作用。不仅适合制作面膜，亦可作为手工皂、加入 spa 蒸气浴，散发香草的缓和气味。

洋甘菊

平和的香气使人心情舒畅，减轻压力、忧虑，亦能帮助解决失眠问题。作用于皮肤，则能够减轻发炎伤口、镇定肌肤、消除红肿、止痛及改善过敏等功效。可用于清洁皮肤、日晒、低温保养脆弱肌肤，将洋甘菊花水冷敷过敏处或用化妆棉沾取湿敷，便能够止痒、消肿、镇定及滋润肌肤。

珍珠粉

除了珍贵的珍珠蛋白、游离钙，亦含有多种人体必需的氨基酸及微量元素，能够活化肌肤、养颜美白。

红酒

红酒由葡萄发酵处理而成，其中含有葡萄皮和葡萄籽释放的酚类物质，如红色素、类黄酮素，预防中风、动脉硬化及心肌梗塞，并减少高血压的发生率；单宁酸可抑制细菌繁殖，抗发炎与帮助消化的作用；多苯基化合物能够促进皮肤正常的新陈代谢，抑制雀斑和皱纹的产生，恢复肌肤弹性，对皮肤的复原和养护皆具有良好效果。

红曲

经实验证实，具有降血压、降胆固醇、抗氧化等功效。添加红曲所制成的面膜，则有调理肌肤、水嫩肌肤的功效。

迷迭香

对松垮肿胀的皮肤有紧实、延缓肌肤老化、收敛效果；增强心脏和大脑功能。

马鞭草

能清洁毛细孔阻塞，修复肤质、促进肌肤中胶原蛋白的合成，恢复肌肤的紧致弹性。

野生红檀粉

天然植物研磨的粉末，能够抗菌消炎，改善痤疮并修复干燥老化的肌肤。

野生苦楝叶粉

植物研磨粉可做面膜、保养品，拥有极佳的抗菌消毒效果，对于湿疹、痘痘、粉刺也有舒缓效果，并且收敛肌肤维持紧实肤况。

鱼腥草

具有抗菌、消肿、清热解毒等作用，更可用于痘痘肌肤调理，改善溃烂脓疮，消除肿痘。

紫草

能杀菌、抑菌、消炎，更有控油去痘的效果，为肌肤增添光彩。

当归

滋润肌肤、净白肌肤，活血止痛，改善身体循环的效果。

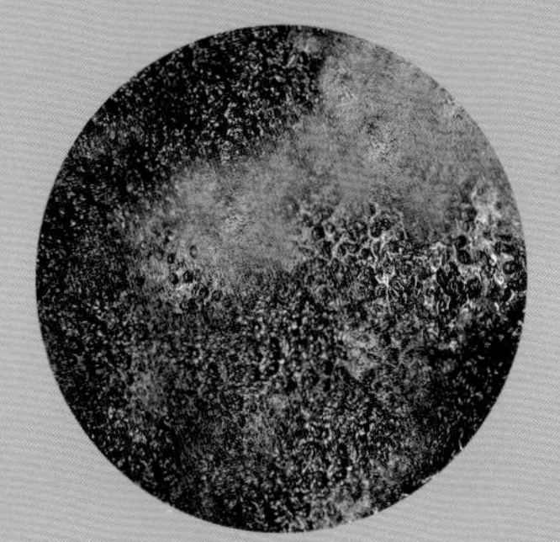

葡萄酒粕

葡萄酒粕成分中含有抗氧化物质阿魏酸（Ferulic Acid），可以抑制氧化酵素的作用，延缓肌肤老化的速度。丰富的蛋白质、氨基酸、维生素、纤维质等等更是对人体有益的营养成分。

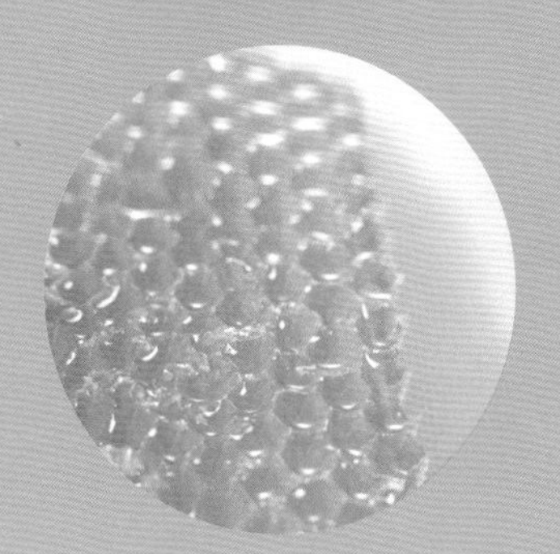

蜂胶

具有抗菌、消炎止痒、促进组织再生功能，以及修复受损肌肤，并对皮肤的新陈代谢有着不同的美容作用。

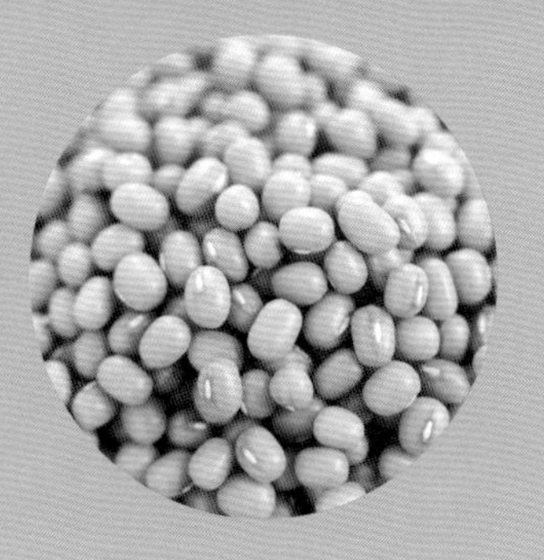

绿豆

含有蛋白质、维生素、脂肪、无氮素物、纤维素等有效成分。绿豆味甘，性凉，具有清热解毒、消暑利水的功效，因此历代医家均用之解毒。加入皂中，则有保湿清洁、调理油脂分泌、净白肌肤之用。

绿茶

含丰富儿茶素、茶多酚，能够抗氧化并促进血液及淋巴循环。

绿藻

含有矿物质钙、钾、镁、磷、铁、钠、锌及维生素 A、C、E、B 群，加上多样的元素，具有保湿肌肤滋润再生、促进代谢、柔嫩肌肤的功效。

蒲公英

具有清热解毒、杀菌消炎的功效。

银杏叶

具有抗氧化及清除自由基的作用，防止自由基所诱发的血管与皮肤病变。亦能增强记忆，预防老人痴呆症。

广藿香

帮助皮肤细胞再生，减轻伤口发炎的状况，对于过敏、脓疮、粉刺等等皮肤问题有改善的作用。广藿香更是香水中的天然定香剂，能加强浓馥的香味。

橙花

增强细胞活力，帮助细胞再生，增加皮肤弹性，适合干性、敏感及成熟型肌肤。改善肌肤暗沉，提升亮白肤质；清新的气息也能帮助纾压、放松压力。

燕麦

含有丰富的维生素 B 群及纤维，具有抗发炎及紧肤功效；优质的去角质效果能使肌肤回复柔滑的状态。

荨麻叶

收敛、平衡油脂分泌，荨麻叶所含的槲皮素可以预防过敏反应和解除过敏症状，对于干裂肌肤更有修护的效果。

薏仁

含有丰富的脂肪、蛋白质，以及多量的维生素 A、C、D、E 与 B 群，降低胆固醇与血脂肪，预防高血压、中风及心血管疾病；亦可使皮肤光滑、减少皱纹、消除色素斑点以及肤色暗沉，还能促进体内血液和水分的新陈代谢，排除多余水分，消除水肿，达到瘦脸效果。

柠檬皮

柠檬皮含有天然油脂及柠檬油精、果胶、柠檬酸等成分，具有清洁去污、增加光泽、消除异味的功用。

柠檬草

具有柠檬的清香滋味，健胃、整肠、帮助消化，颇适合餐后饮用。此外还可以滋润肌肤，促进血液循环，活化细胞等。

薰衣草

薰衣草的迷人香味能稳定神经，亦有纾压、帮助睡眠的效果，消炎杀菌的功效更能够舒缓痘痘以及小疣。

芦荟

含有丰富的维生素，可以开启皮肤自我修复的功能，延缓肌肤衰老，木质素更能够迅速修复肌肤；另有多样酵素能够美白、保湿，防止黑色素形成，亦是日晒后最佳的护肤保养品。

郁金香

含有丰富的钙、钾、铁、姜黄稀等成分，保湿修复、紧致肌肤，抗氧化的效用更能抚平粗糙细纹。

樱花

味道芬芳，能够改善粗糙皮肤，抗发炎，具有美白功效。

白芷

净白肌肤、保湿，促进皮肤的新陈代谢。

柑橘

含有维生素 C，可抑制油脂分泌及收敛皮肤，减少雀斑、黑斑的形成。

矿泥类

矿泥・成分与功效

法国绿色矿泥

法国绿色矿泥来自硅和铝的沉淀作用，颜色则是源自矿岩中的氧化物，其独有成分包括铁、二氧化硅、铝、镁、钙、钛、钠与钾，更是矿泥中的极品，具有去角质和深层清洁的功效，适合油性肌肤使用。

珊瑚红矿泥

含有丰富的铁质及多种肌肤所需的矿物质，使肌肤维持柔嫩、弹力，并且充满光泽。

法国粉红矿泥

以白矿泥和红矿泥调和组成的法国粉红矿泥富含多种矿物质，有消毒、愈合的作用，能让皮肤平滑、有光泽，对于干性及敏感性肌肤特别有效。

粉红矿泥

由红矿土和白矿土所调和，含有硅、铝、铁，适用于干燥老化的肌肤，更能够紧实肌肤。

法国红矿泥

富含铁和铜氧化物，虽然比绿矿泥油腻，但是适合所有肤质，具有调节与滋养功效，亦能帮助肌肤恢复生气；天然的红色亦常应用在各种化妆品的调制和洗发精、面膜、磨砂膏、沐浴乳等产品的基底材料。

法国黄色矿泥

源自铁氧化物，可用于清洁肌肤或是修复受损肌肤，帮助恢复生气。

澳洲有机黑石泥

无毒的矿石泥具有清洁功能，含有氧化铁与氧化物能够滋润粗糙的肌肤。

澳洲有机粉红石泥

适用各种肤质，软化角质层，有效保湿，更能改善脸部细纹，淡化细纹纹理，让肌肤富含水分，紧实熟龄的肌肤。

澳洲有机红石泥

含丰富的矿物质，适用于干性、敏感性及疲劳肌肤，可补充及恢复细胞疲乏状态，促使皮肤恢复光泽，特别是压力大以及疲乏的肌肤。

澳洲有机绿石泥

适用油性肌肤，具有消毒愈合的功能，可治疗面疱或有问题的肌肤，能彻底清除毛细孔，平衡油脂分泌，可防止老化，促进淋巴及血液循环，深层清洁，把毛孔内的污垢代谢出来，使得问题肌肤放松并达到保湿的目的。

天然海藻

内含多种有机矿物质及维生素，包含维生素 B_{12}、维生素 E，多种氨基酸及植物荷尔蒙，能补充肌肤营养及水分，恢复肌肤弹性及光泽，适用各种肤质。

浅蓝石泥

来自被风化的火山灰，浅蓝石泥中富含丰富的天然矿物质，可吸附出有害杂质，针对油性肌肤做有效的调理，使肌肤干净、毛孔清爽。

有机黑石泥

适合所有肤质使用，是无毒的矿石泥，更含有氧化铁与氧化物，具有清洁功能与介质的功效，能够滋养粗糙的肌肤。

备长炭粉

能够吸附毛孔脏污，去除粉刺，现在更研发出专业的备长炭面膜。

高岭土

中性温和的高岭土不仅能深层清洁、吸附分泌过多的油脂，亦具有维持肌肤正常新陈代谢的功能。

麦饭石

火山岩类，天然药物矿石，含有人体所需的 18 种微量元素，不仅释放红外线，分解水分子，使皮肤更易吸收，还可以保湿，提供热量，消炎以及清除毒素。

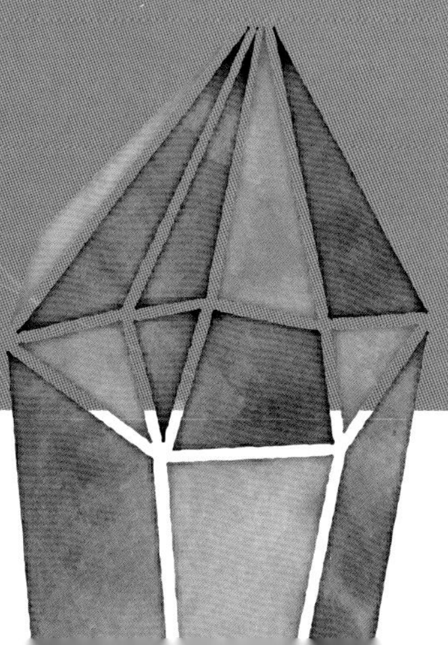

图书在版编目（CIP）数据

面膜大学问：美丽就是那么简单 / 何国泓著. --
北京：文化艺术出版社，2016.12
ISBN 978-7-5039-6237-0
Ⅰ. ①面… Ⅱ. ①何… Ⅲ. ①面－美容－基本知识
Ⅳ. ①TS974.13
中国版本图书馆CIP数据核字（2016）第326343号

版权登记号：图字：01－2016－9613号

面膜大学问 • 美丽就是那么简单
FACIAL MASKS • BEAUTY MADE SIMPLE
作　　者　何国泓
统　　筹　董瑞丽
责任编辑　巩建华
装帧设计　陈美蓉　吕文玲　陈玉洁
排版制作　顾　紫
出版发行　文化艺术出版社
地　　址　北京市东城区东四八条52号　（100700）
网　　址　www.whyscbs.com
电子邮箱　whysbooks@263.net
电　　话　（010）84057666（总编室）84057667（办公室）
　　　　　（010）84057691—84057699（发行部）
传　　真　（010）84057660（总编室）84057670（办公室）
　　　　　（010）84057690（发行部）
经　　销　全国新华书店
印　　刷　北京荣宝燕泰印务有限公司
版　　次　2017 年 1 月第 1 版
印　　次　2017年 1月第 1 次印刷
印　　张　10.5
字　　数　60千字
开　　本　710毫米×1000 毫米　1/16
书　　号　ISBN 978-7-5039-6237-0
定　　价　49.00元